Subscribed!!

訂閱時代

5大集客獲利策略，
直搗行銷核心的經營革命

Business Logic and
Marketing Basics
in the Subcription Era

著—西井敏恭
譯—曾瀞玉、高詹燦

前言

感謝您拿起並翻閱本書，我是西井敏恭。

本書的主題是「訂閱經濟帶你再創業績新高峰」，請問各位，你們覺得訂閱經濟是什麼樣的經濟呢？

每月支付固定費用的無限使用服務嗎？

還是能定期性地創造業績，且具有高收益性的商業模式呢？

首先，我希望各位先洗掉你們對訂閱制抱持的既定印象。原因是，訂閱制並非一個全新的商業模式，而是對行銷的重新認識。

我在前作《數位時代的行銷改革》中，下了這樣的定義：「所謂的行銷，就是建立持續熱賣的機制以及購買的欲望。」

原因就在於，以往日本的行銷手法過於偏重以廣告為主體的宣傳模式，而我意欲將其拉回正途。

不管怎樣先讓客戶買單，把成交當作終點線，為此進行銷售宣傳，盡量壓低客戶開發成本，一直以來的優先做法就是如此。

真正的行銷，其職責應該是與客戶建立良好關係，並架構出得以維繫下去的體系，但是在以前的時代，我們很難從多項角度去明白客戶對商品、服務的感受。

不過，多虧了智慧型手機和ＩｏＴ（Internet of Things）、ＡＩ等科技的進步，收集客戶數據較以往更加簡便了。不僅如此，現在能收集到的數據種類更為廣泛，更容易抓住客戶的心。

換言之，行銷不再是將重心放在宣傳，把賣出商品、服務當作終點；而可以想做是，從買下商品、簽下服務合約後行銷才開始。

這就是對行銷的重新定義，也是訂閱行銷的基礎。

我想各位應該也有實際感受：電視和雜誌的觀看率不如過去，廣告的效果也不再理想。過去以賣出商品和服務為行銷主軸的時代，終於要迎向終結。

企業必須讓商品和服務具有持續性的優勢和價值，讓客戶有持續使用的意願，以此為行銷的最終目標。

所謂的訂閱制，就是創造客戶持續使用商品和服務的意願。

讀者們若能帶著這項觀念閱讀本書，我將甚為榮幸。

那麼，在進入正題前，請容許我闡述自己「想和各位談談訂閱制」的理由，同時自我介紹。

從我進入行銷業界工作以來，已經過將近16個年頭。我於2003年左右起成為網購公司的網路行銷人，由此開啟了我

	單次	多次
企業	賣出	持續賣出
用戶	購買欲望	持續使用意願

構思讓客戶有持續使用意願的行銷模式

的行銷生涯，並在關照了我6年的化妝品公司Dr. Ci:Labo擔任數位行銷負責人。

接著於2014年起，任Oisix ra daichi股份公司CMO，當前則是以CMT（Chief Marketing Technologist，行銷長）的身分，推展相關業務。同時間，我也創立了Thinqlo股份公司發展顧問事業，不僅是電商服務，更從媒體、應用程式、體育隊伍等多方面向，提供許多企業支援，其中有八成運用了訂閱制。

我在Oisix的使命，是促進該公司事業成長，以及奠定支撐其成長的根基——訂閱制平台。

也許有人會想：「Oisix不是賣蔬菜的電商平台嗎？」這間公司當然也有經營專賣有機蔬菜的食材網購平台，但其主要事業，其實是名為「Oisix美味俱樂部（Oisix club）」的訂閱服務。

Oisix自2000年創業以來便持續發展訂閱服務，故經常被譽為有先見之明。然而Oisix的創業夥伴告訴我，Oisix並非從一開始就想做訂閱生意，才會發展至如今的型態。

是為了實現Oisix的價值——豐富人們的餐桌，努力追求的結果，最終形成了如今的訂閱制型態。實際上在2000年當時，我想是幾乎聽不到訂閱制這個詞彙的。

多虧了訂閱服務，Oisix的會員數成長至約20萬名，「Oisix美味俱樂部」訂閱服務也隨著時代變遷持續進化。而這顯著成長的背後，訂閱行銷功不可沒。

不知不覺間，發展訂閱服務的企業和品牌越來越多。Thinqlo輔助的企業也藉由訂閱制使業績水漲船高。

另一方面，市面上的訂閱服務面臨成長瓶頸，一部分服務不得不退出市場的情況也是事實。這般情形，我認為和網路市場開始興盛，看準「從今以後是網路購物時代」的各行各業紛紛投入發展的2000年代有其相似之處。那時候也是，有企業靠電子商務突飛猛進，一方面也有不少企業沒多久便慘澹退出。

我剛才說，所謂的訂閱制，就是「讓客戶有持續使用的意願」，但訂閱制的困難之處，恰恰就在於這個讓客戶持續使用，別無其他。這一堵阻撓業績的高牆就擋在我們的前方。

但是我深切地認為，訂閱制是一門生動有趣、值得挑戰的生意。只要投注心力用心發展，便能超越阻礙之牆。

讓訂閱制以一時的流行告終就太埋沒了。我想告訴普羅大眾我所知道的訂閱制的知識訣竅，與更多企業及顧客的幸福接軌。

這便是我寫這本書的初衷。

本書深入淺出地以實務解說訂閱制的起步方式至發展方式。書中彙整的內容，對於想擴大自家公司訂閱服務的人、想改善缺點的人，或多或少有所助益。

此外，才剛要開始挑戰訂閱制的人，我也希望你們能一讀本書當作預習，並在推出服務後回歸本書，兼做複習。期盼本書不會淪於桌上的空談，而能實際有所用處。

接下來，我們就一起看看如何運用訂閱制突破銷售困境，再創業績新高峰吧。

目次

第1章 什麼是訂閱制？

第2章 訂閱行銷釋義

第3章 訂閱服務事業的起步方式

第4章

訂閱服務的KPI

第5章 建立訂閱服務事業計畫

第6章 建立顧客為主的組織

終章

訂閱經濟與今後的行銷型態

第 1 章

什麼是訂閱制？

訂閱制的定義

產生「持續使用意願」的訂閱服務

請問各位讀者，您現在是否正使用某種訂閱服務？

是Netflix這樣的線上影片串流服務，還是Spotify這樣的數位音樂服務呢？

可以從眾多雜誌中任選任讀的電子雜誌服務，也有一定的支持者。

時尚領域甚至存在著使用者可因喜好變化而重新租借包包、手錶的人性化訂閱服務。

那麼，這些您愛用的服務，總共使用了多久呢？

有些人或許才過了首月免費期，剛剛轉為付費會員；也有些人可能使用了將近一年，已經對它愛不釋手。這當中又存在著什麼樣的心理呢？

想必就是很單純地，**「想持續使用這些產品和服務」**的感受吧。

這種感受，從提供服務的一方來看，其實可以轉換為「顧客終身價值（LTV：Lifetime Value）」來思考。

所謂LTV，指的就是顧客終其一生能為企業帶來的利益。企業與顧客的關聯愈緊密，LTV便會直線上升，帶來穩固的利益。

傳統的商業行為，大部分在顧客購買一次之後便宣告終結，因此商家傾向於將重點放在第一次購買前的單筆訂單成本（CPO：Cost per Order）。然而，當LTV

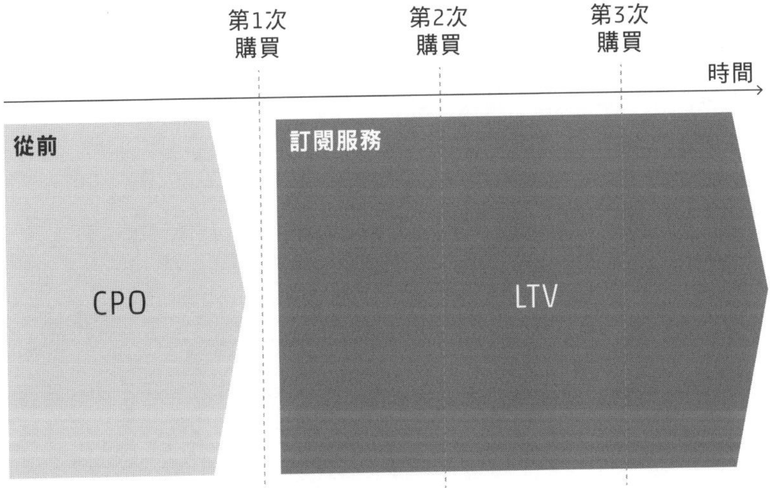

首次購買為訂閱服務的起點

成為重要指標時，可就不是這麼一回事了。

企業須採取新的行銷方式，使顧客想要「持續使用這種產品／服務」。

換句話說，所謂的訂閱型經濟，即是和顧客建立持續性的聯繫，提升LTV，帶動事業發展。

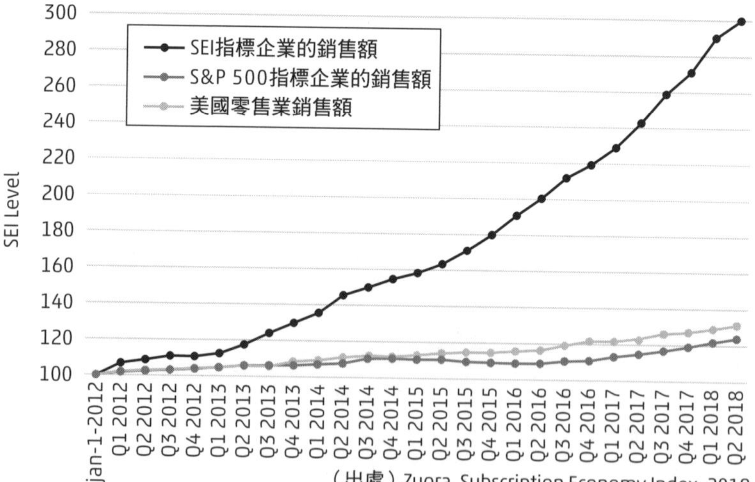

（出處）Zuora, Subscription Economy Index, 2018

（注）以2012年1月的數字為100做基準

SEI、S&P 500指標企業、美國零售業的銷售成長率比較

為何現在是訂閱經濟的時代？

提供訂閱服務託管平台的Zuora公司的調查顯示，由該公司自行定義的訂閱經濟指數（SEI）可看出，當前訂閱經濟正在急速發展。

那麼，訂閱服務究竟為何能夠如此受到矚目，成為一種持續不斷成長的商業模式呢？

企業在**訂閱服務締造出的與顧客的緊密聯結性中，捕捉到了商機**。

就讓我們參考菲利普·科特勒所提倡的「行銷1·0到4·0的變遷」，一同來思考其箇中緣由。

科特勒的行銷理論可概括如下。

在被稱為行銷1·0的時代（1900年代至1960年代），

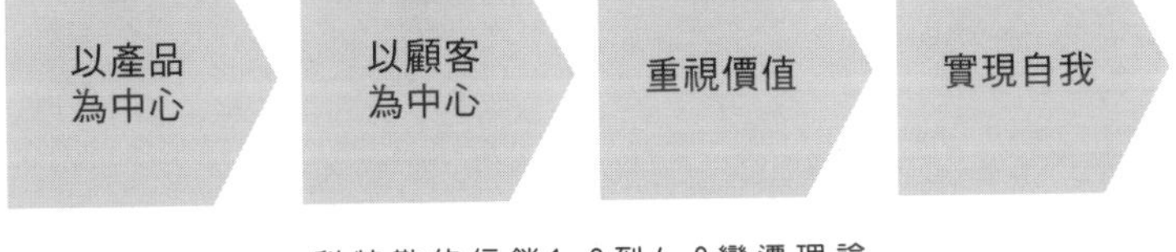

科特勒的行銷1.0到4.0變遷理論

市場傾向於低價製造並大量銷售產品，是**以產品為中心的行銷**模式。

到了行銷2．0的時代（1970年代至1980年代），企業轉為迎合顧客需求來製造產品，追求與競爭對手的差異性，改為**以顧客為中心的行銷**模式。

行銷3．0時代（1990年代至2000年代）則是由於數位化的登場，人們開始追求除了廣告與產品便利性以外的價值，開始形成**重視價值的行銷**。

隨後，我們迎來了行銷4．0時代（2010年代至今），顧客開始透過產品與服務體驗來滿足自身情感需求，逐漸化為**實現自我的行銷**模式。

在此希望各位思考一下，日本企業的行銷位處上述1．0～4．0中的哪裡呢？事實上，根據指出，大部分企業都在「行銷2．0」的模式中停滯不前。

我在前言中提過，「所謂的行銷，就是建立持續熱賣的機制以及購買的欲望。」

但是在既往的行銷模式中，由於是以企業為主體，所思所想也都著重在「怎麼賣」，然後藉助電視廣告等媒體，向大眾發送「我想賣貨」、「請來買貨」的訊息。

這樣的情況在進入數位時代之後產生了變化，消費者的立場不再是單方面接收企業傳遞出來的訊息。

當他們對產品感興趣時，除了廣告這種企業傳播的訊息以外，他們可以輕輕鬆鬆地搜尋到其他資訊，來評比判斷企業給的訊息是否正確，也會參考社群媒體和朋友對商品的評價。

如此一來，**企業的「販賣欲」就如司馬昭之心，人盡皆知**。因此，行銷必須要做的，是創造出「持續熱賣的機制」和「購買欲望」。

然而時至今日，仍然有許多企業不遺餘力地推行強調與其他公司的差異性與產品功能性的行銷活動，如：「本產品擁有某某功能卻物美價廉」、「某某美味更勝以往」、「在某某方面遠勝其他產品」等。在產品或服務的研發上，也能明顯感受到對這方面的偏重。

那麼讓我們轉換觀點，看看跨國企業星巴克（Starbucks Coffee）、蘋果（Apple）、巴塔哥尼亞（patagonia）又是怎麼做的。

這些品牌在日本也極受歡迎，而我不認為顧客選擇他們的理由僅僅是因為物美價廉。

比如顧客之所以選擇星巴克咖啡，比起「因為他們的咖啡好喝」、「價格合理」等理由，也許更多的是因為「喜歡在星巴克度過的時光」這種感受。

我們可以解釋為，即使不溢於言表，但是他們內心深處抱有「喝星巴克咖啡符合自己的生活品味」、「在星巴克裡的人們與自己屬於同一群體」的情感，使他們在多家咖啡店中選擇了星巴克。

當然，日本國內也有已經超越了行銷2．0模式的企業。比如日本的雪諾必克（Snow Peak）和星野集團，他們擁有自己的獨創價值，使顧客「喜歡愛好此品牌的自己」，滿足客戶的自我實現願望。

這些事情光用說的十分簡單，但是**要達到行銷3．0以及4．0的領域，可不是三兩下就能完成的**。

單純透過促銷活動使顧客購買產品或服務的商業行為缺乏續航力，商家必須讓顧客持續使用並且感覺滿意，才能獲得顧客的支持。

所以創造顧客「持續使用意願」的訂閱服務才會備受矚目。**訂閱服務乃根據顧客數據，反覆改善產品或服務，使顧客長久性地使用，加深與顧客間的關聯性。**

這種做法讓顧客感覺「使用這項服務的自己很不錯」。

由那一刻起，才是實現了「賣產品，更賣體驗」，亦即實現了由行銷2．0飛躍至行銷3．0乃至4．0的長足進步。「實現體驗的產品」對於顧客來說有著無法取代的價值，促使他們主動告訴周圍的人：「我推薦這項服務」。

若這些人們被推薦後也喜歡上這種產品或服務，就會再推薦給他們身邊的人、或者在社群媒體擴散，從而使希望擁有同樣體驗的人越來越多，業務得以進一步擴大，推動事業成長。

科技改變了行銷

當然，從前的行銷模式也會透過向顧客聽取意見、參考購買數據等方式來開發產品或者改善服務。但是在如今，光是如此已不足以稱為「了解顧客」。

單純詢問顧客「您是否有在使用我們的商品？」得到「是」或「不是」的回答，根本稱不上是「了解顧客」。必須進一步地了解，如顧客對於該產品「每週使用幾次」、「習慣在每天哪個時間使用」、「每次的使用量是多少」、「使用時的感受」等。

但是要一一詢問每個顧客這些問題實屬不易。即便是長期使用服務的顧客，也不可能次次詢問他一直使用的原因，或者為什麼要解約，這在過去是難以實現的。

同時，現代人們的喜好瞬息萬變。等我們想到要了解顧客、展開調查時，那些數據的保鮮期也十分短暫，轉眼便不堪使用。

訂閱服務與過去行銷模式的不同之處，在於這種行銷模式能夠「了解顧客」。

將其化為可能的，就是數位行銷。提起數位行銷，我想大家腦海中浮現的，應該是橫幅廣告、網頁SEO策略這些印象，其實這些都是屬於網路行銷的範疇。

網路行銷指的是一種基於網際網路的行銷型態，涵蓋於行銷這個廣大的概念之中。

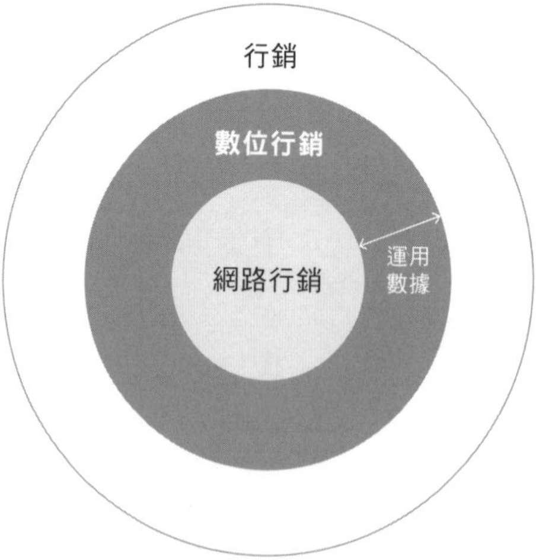

數位行銷與網路行銷的差異

除了上文提到的橫幅廣告、SEO策略以外，諸如SEM（Search Engine Marketing）、電子報、聯盟行銷、訪客路徑分析，也是代表性的網路行銷手法。

至於數位行銷則是涵蓋了網路行銷，更為廣泛的概念。**數位行銷與網路行銷的區別，在於取用的數據範圍不同。**

在沒有網路的時代，企業與顧客的銜接點僅限於廣告、介紹（實際評價）、店面等地方。即使與顧客創造了一次性的銜接點，也難以延續。

然而在擁有了網路的今天，我們不但可以通過搜尋功能、雙向互動的社群媒體等，在線上與顧客建立銜接點，更可以從在線服務的使用紀錄來掌握顧客的行動數據，較以往更容易推斷顧客的感受。

倘若是EC（電商）產業，便能夠推想「顧客在買下這個商品之前瀏覽了其他商品頁面，想必是先進行了比較」，如此循線思考。

智慧型手機的問世，更是帶來了與顧客ID綁定的大量數據。電子支付的數據、定位資訊、拍攝了什麼樣的照片、在社群媒體和誰有連結……這些在過去無從得知的顧客未使用產品或服務時的數據，如今已能輕易收集到手。

同時使用這些線上數據，再綜合由顧客的實際（線下）行動（比如顧客到實際店鋪、與店員對話等行為）所獲得的數據，制定最適合顧客的行銷方案，就是所謂的數位行銷。

不僅如此，更新型的科技也已登場。就是被稱為物聯網的IoT和AI。軟體也不再是以盒裝販售、讓顧客買回家安裝在自己的電腦上，改為由雲端提供，稱之為SaaS（Software as a Service）形態。

訂閱制在創造顧客持續使用意願之際，靈活運用了這些新型科技。比如藉由智慧型手機以及IoT獲取顧客數據、使用AI做個人化相關分析、或是透過SaaS提供服務。

創造與顧客的持續性關係是訂閱制的前提，**無法與這些新型科技聯手，訂閱經濟就無法成立**。

訂閱制不等於月費制

訂閱制為什麼會失敗？

各行各業導入訂閱服務的企業很多，有些企業馬到成功，也有些未達一年即選擇退出市場，關閉訂閱服務。我們可以想到許多關閉訂閱服務的理由，例如「會員數無法增長」、「目標客層不對」等。然而，大夥兒對訂閱制是否有什麼誤解呢？

你認為是誤解了什麼呢？

答案是，**誤以為訂閱制等同於月費制服務**。

實際上，許多自稱是訂閱制的商業型態，只不過是該企業將自家既有的產品或服務直接以固定月費甚至年費制推出的一種消費型態，讓顧客可在付費期間內無限制使用。我想就是因為這樣，才讓許多人以為所謂的訂閱制，只是一種固定價格或固定期間銷售的商業模式。

但是，「固定價格、固定期間＝訂閱經濟」這個等式是不成立的。

從結論來說，**唯有消費者會定期使用，且將消費數據反映至產品或服務上者，才可稱為訂閱服務**。我想大家都知道，隨買隨用並不是訂閱制，但即使有顧客定期使用的行為，顧客數據卻未被妥善運用的話，同樣不能算作是訂閱服務。

讓我們一邊回顧定期銷售商業模式的歷史，一邊談談其中緣由吧。

定期配送制是一種由來已久的商業模式，其中最具代表性的有：報紙雜誌訂閱、健康食品的定期郵購、每月可收到不同產品的主題郵購服務等。這些服務之所以受到消費者

	隨買隨用	定期使用
運用數據	——	訂閱制
不運用數據	——	——

・擁有回饋機制
・改變KPI與經營邏輯
・改變組織設計

訂閱制的定位

支持，主因在於無需多次購買同樣的商品，省去了下單的麻煩。

並且，如果消費者選擇的是單品定期郵購（僅販賣單一產品或單一品牌商品的郵購網），加入全年會員，還可比單次購買的價格更加便宜，讓人有一種優惠感。

不過，這種優勢僅存在於民眾用電話、明信片、傳真來下單訂購的時代。如今電商當道，購物越來越便捷，消費者還會在購買之前搜尋情報，瀏覽類似商品和貨比三家。

如此一來，消費者不僅隨時可以在想買的時候一鍵下單，還能從別處用比官網售價或年費會員價更低廉的價格購得。

於是漸漸地，**定期配送制成為了單純在固定期間寄來同樣產品的購買方式，顧客開始感受不到它的優勢**。而且，有時上一次送來的東西還沒用完，下一次的產品就已寄達；當顧客的生活型態有所改變，想要換一種產品使用，卻因為目錄提供的商品種類有限，找不到適合自己的商品。

顧客對這種只是比建議售價便宜幾個百分比的定期配送制持續感到不滿，某一天就突然解約了。

因此，假如只是將紙版的商品目錄登載到網頁上，將購買方式從電話下單改成網路下單，換湯不換藥地延續這種定期配送制，造成的就是顧客人數成長膠著，銷售業績下滑的困境。實際上，我想這樣的企業應該不在少數。

換言之，**傳統的定期配送銷售模式中，讓顧客想要持續使用商品或服務的因素並不多**。

廣告的盡頭

看過以上事例也許有人會想，「顧客數量減少的話，打廣告增加新顧客不就好了嗎？」然而如今的廣告不僅越來越少人看，重點是對顧客的影響力也大不如前。

想必看到這裡，已經有人忍不住點頭了吧。往後的廣告走向，也正是當今行銷人所苦惱的事。

廣告效果減弱有許多因素，我想其中一大原因，就是**產品或服務越來越難在同中求異**。對於一個企業來說，最理想的就是自家產品或服務不打廣告就能熱銷。要造就這種理想狀態，就需要產品或服務具有別家無法模仿的獨特性，或是對使用者的益處。即使做不到這一點，只要產品或服務能與眾不同，便可在打廣告時著重宣傳其獨特性。

然而隨著科技的進步，製造業與生產業也在轉型，生產過程能輕易地被炮製，市面上立刻就出現大同小異的產品與服務。產品再怎麼擁有劃時代的新功能和高價值，也會在一夕之間淪為大眾化商品。

舉例來說，自優衣庫推出HEATTECH系列熱銷之後，其他企業也隨之販售起有類似保溫效果的服裝。又例如智慧型手機的支付服務，雖然種類繁多、讓人眼花撩亂，其功能的本質卻都大同小異。這就是產品與服務的大眾化。

如此一來，單從廣告無法分辨各家產品與服務有何不同，顧客也就無從決定該買誰家。再加上顧客已不再信任企業自說自話的廣告，而是更傾向於**在網路上比較**，**相信社群媒體與朋友的使用評價**。我在前文闡述行銷定義時也曾提及這一點。

說到底，若是投放廣告只能增加一些僅購買一次的顧客，對於事業的貢獻也就僅限那麼一次。銷售額的根基，是建立在那些會持續購買商品、持續使用服務的顧客身上。

先前提及筆者的前作中便曾寫到，EC事業獲得的新顧客中，若第二年仍然持續購買的比例不超過50%，那麼當事業發展超過一定規模後，銷售額便難以再突破。

特別是在電商購物、索取資料、各式申請等，這些要求顧客進行某些行為的服務中，重視的是每得到1件商品訂單或簽訂1項服務所花費的成本（CPO）。譬如廣告投放的CPO為1萬日圓時，如果該顧客在1年之內多次購買，帶來超過1萬日圓的利益，且在第二年也會持續購買，投放這個廣告就有意義。反之，倘若無法獲取利益，廣告就只是一項成本負擔罷了。

我的言詞有些過於強烈，但**我並不是在說「廣告沒有用」**。重要的是，「從前那種只為表達差異性的廣告作用已到了盡頭」，但若該項服務擁有一批足以稱為愛好者的客群，那麼它的廣告還是有其影響力。

第2章裡將會提到，我認為受愛好者支持的產品或服務使人容易相信其廣告，並且能夠有效提升未使用者的認知度。

反過來說，在產品或服務尚未培養出愛好者族群時，即使投放廣告也難以被觀眾認知。想讓未使用者萌生「想用用看」的想法，實在不是件容易的事。就我實際輔導的企業案例來看，**有沒有愛好者族群，帶來的廣告效果可以產生2～5倍之差**。

所有企業都有發展訂閱制的潛力

脫離舊模式，勇於挑戰訂閱制的企業

在這個產品過多的時代，打廣告宣傳產品功能的差異性已經無法獲得顧客的青睞。最理想的狀態並不是讓關係中斷在顧客購買的那一瞬間，而是打造一種讓顧客持續使用產品或服務的密切關係，而我從過去經驗中觀察到，能夠實現這個理想的正是訂閱制。

那麼，企業究竟應該怎麼做，才能成功轉型為訂閱制模式呢？

讓我們以大家所熟知，成功轉型為訂閱制的企業為例，一起來思考。

這間跳脫出傳統商業模式，將舵頭毅然轉向訂閱制並轉型成功的企業，就是

Adobe公司。Adobe創立於1982年，長久以來致力於提供專為設計師與創作者打造的數位編輯軟體，如Photoshop、Illustrator等。

Adobe做出事業轉型是在2012年。他們將自家的資產——數位編輯軟體放上雲端，轉為通過Adobe Creative Cloud雲端服務來提供這些軟體。

他們做好了無法回頭的準備，當時的銷售額一度減少到三分之一，如今則是年年刷新業績紀錄，持續成長。

到了2018年，他們更收購了行銷自動化工具Marketo，同樣以訂閱制模式提供給顧客。如今的Adobe，已經是足以身兼行銷輔助的企業。

此外還有Netflix這間線上影片訂閱服務的龍頭企業。1997年創業時主營DVD出租業務的Netflix，從2007年左右起轉型為線上影音平台。

有2005年起步的串流媒體巨頭YouTube做鋪墊，

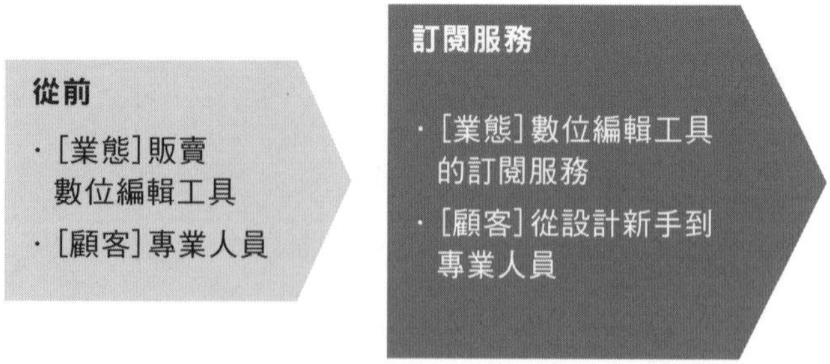

Adobe的事業轉型

當時正是我們開始養成線上觀看影片習慣的時期。

緊接著，Netflix在蛻變為一個龐大的線上影音平台後，開始投資媒體工作室，製作並提供品質不亞於電視、電影的原創影片。

提供超乎顧客期待的服務

回顧這兩家企業的軌跡：Adobe從盒包裝商品銷售，Netflix則是從DVD租賃起家，不難發現，兩者都是大刀闊斧地將既有的商業體系轉換跑道，著手發展訂閱制。

兩家企業均捨棄了單次銷售這種老買賣，轉型成以定期性與持續性使用為前提的商業型態。換句話說，他們**採用訂閱制作為向顧客提供產品或服務的方法**。

本書第5章將會詳述，訂閱制在LTV增長到獲得顧客支持的這段期間，將是持續虧損期。轉型為訂閱制後，

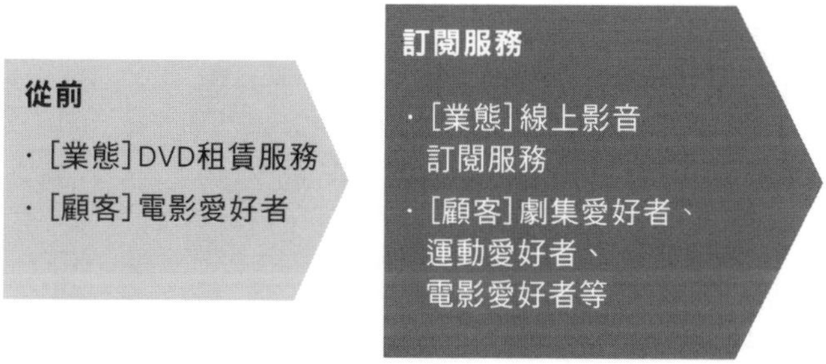

Netflix的事業轉型

企業需要經歷銷售額暫時下降的陣痛期，同時做好準備，從根本上改變產品與服務開發體制。

但是，如果Adobe和Netflix當時僅僅是把自家既有的產品與服務轉為線上提供，我想就沒有如今的驚人成長了。

這兩家企業還有一個值得參考的共同點，就是**提供了超乎顧客期待的服務**。加入Adobe的Creative Cloud後，顧客可以隨意使用多種軟體，假使有哪些是第一次接觸的軟體，也會出現彈出式窗口提供新手教學，還可參加他們貼心準備的線上課程。

數位媒體的製作不再專屬於創作家，想要「自己動手編輯試試」的新手也能進入這個敞開的大門，由此大幅拓展了使用者族群。

至於Netflix，也不僅僅是在平台上提供可隨意多次播放的影片而已，還附有推薦功能，為每位顧客提供專屬體驗，推薦最符合顧客喜好的作品。正如同方才所介紹的，Netflix還致力於製作原創作品，讓觀賞樂趣持續增幅。

如此透過提供線上服務了解顧客的使用狀況，持續提供超乎顧客想像的體驗，或許便是兩家企業成功的原因。**顧客選擇這兩家的服務，是為了經歷前所未有的體驗，化期盼為現實。**

藉由持續使用該服務，顧客得以實現自我，正是行銷4．0模式的完美體現。

消除用戶的痛點

常有人問我「什麼樣的商業形式適合發展訂閱制」，而我認為訂閱經濟是不挑領域的。比起思考哪種領域適合，倒不如先思考**「該處是否存在用戶痛點？」**痛點（pain），亦即顧客在使用商品或服務時感受到的窒礙，或是未能實現期待時產生的不滿。

用戶的痛點有時也存在於平凡無奇之處，那些被我們認定為「無可奈何」的事。讓我們用辦公室搬家的例子來思考看看。

在過去，每當創投企業或新創公司伴隨事業擴大增加人員時，都必須重新尋找可容納新員工的辦公室。繳納押金和頭期費用、購買辦公家具、規劃辦公區域……每搬家就重演一次，實在麻煩得要命。但是，以前所有人都認為這種麻煩是「無可奈何」的事。

以共用工作空間租賃事業消除了這個痛點的，是WeWork公司。只需要基本費用和追加費用，就可在WeWork的工作空間裡新增辦公座位。儘管工作空間的費用比傳統辦公室的房租偏貴一些，但是對於急速成長期的新創公司來說，比起一年搬好幾次辦公室，仍然大有吸引力。

試著把消除用戶痛點和訂閱服務組合一下。譬如，以前不動產企業的工作只到賣掉或租出房子就大功告成，但訂閱制所考慮的，卻是用戶開始使用辦公室之後的問題。

如此一想就會發現，原來我們都忽視了哪些痛點。其他業界也是一樣，只要能注意到這些微小的細節，我認為許多產業都擁有發展訂閱制的潛力。

總結

在本章中，我們消除了「訂閱制就是定期定額購買」的誤解，釐清了訂閱經濟的定義。

所謂的訂閱服務，乃藉由數位行銷分析數據來激發顧客持續使用產品或服務的意願。單純用廣告主打產品和服務的功能性或差異性，已經難以打動消費者的心。顧客是在持續使用的過程中，察覺產品或服務「很適合自己」，進而表達支持，幫忙將產品或服務推廣至周遭群體。打造這種與顧客密切關係的方法之一，就是訂閱制。

訂閱制打造與顧客密切關係的關鍵在於行銷。我們將在下一章解說訂閱制的行銷重點。

第 2 章

訂閱行銷釋義

行銷在改變

興許是在2000年初，Yahoo! BB曾在街頭巷尾向民眾免費分發ADSL（用電話線路連接網路的服務）的數據機。直到現在，據稱還有約100萬人仍在使用此款數據機。

假設當時每發一台數據機需花費的成本是10萬日圓，那麼考慮到之後每月人們所繳付的網路使用費，這些成本應該早就回收完畢了。

想必他們是預期了此種方式在LTV上的前景，才敢不吝於在獲取新顧客的花費（即CPO）上投資。

如此LTV與CPO間取得平衡，乃行銷的一大重點。為了提高LTV，必須了解顧客使用服務的狀態，持續改善服務，以獲得顧客的長久性使用。

但是許多企業所掌握的資料並不足以支撐他們全面了解顧客，以致於無法順利拉高LTV，只好一直採取壓低CPO的做法。

如此便造成企業必須不停開拓新顧客的需求，所以一談及行銷，多半就是在討論廣告。

此外，行銷領域也相當重視商品開發，因此在過去，一般也十分看重與其他企業的差異性。

訂閱行銷的3大重點

然而到了現在，行銷應當重視的部分正在改變。

這是因為隨著科技的發展，商家已然有能力獲得更深入了解顧客的相關資料。

行銷已經進入了**必須思考如何讓顧客在使用了產品、簽訂了服務之後，仍然想持續使用的時代**。

為了使顧客持續使用，必須與顧客保持銜接，了解顧客使用產品或服務的方式，在想些什麼。

以體制化方式解決這些課題的，就是訂閱制。

訂閱制要做的，就是配合顧客習慣來改善產品或服務，從而提高LTV的行銷模式。

訂閱行銷有3大重點，即：**從「購買」轉變為「使用」、活用數據改善顧客體驗、顧客與企業攜手共創成功**。

要運用訂閱制來跨越銷售額的高牆，這3項重點必須要懂得。

下面就讓我們依序詳細探討。

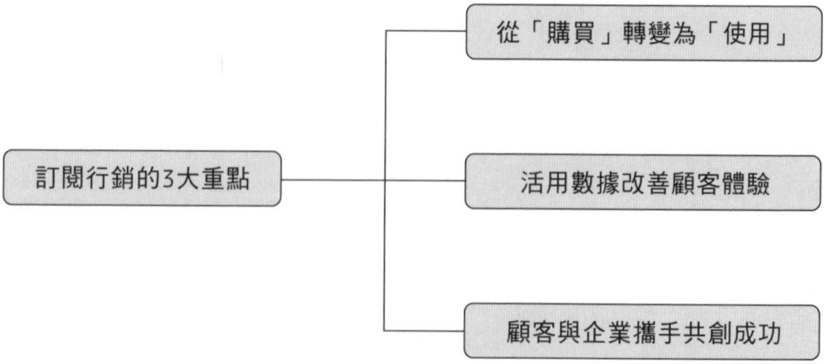
訂閱行銷的3大重點
從「購買」轉變為「使用」
活用數據改善顧客體驗
顧客與企業攜手共創成功

訂閱行銷的重點

從「購買」轉變為「使用」

「購買」時代的行銷模式

訂閱行銷的**第1項重點，便是觀察顧客的行為，了解從「購買」到「使用」的變化過程**。

顧客並不是為了「購買欲望」，是為了「使用欲望」而花錢。

這句話經常被人掛在嘴邊，然而有很多人其實並不理解其中的意義。

這裡來舉一個音樂界的例子，談一談從「買CD聽音樂」到「使用訂閱服務聽音樂」的顧客體驗之變遷，以及行銷模式隨之產生的轉變。

在想聽音樂就需要購買CD或唱片的時代，音樂廠牌的最終目標是經由宣傳使大眾萌生「想要ＣＤ」的念頭，然後前往唱片行購買ＣＤ。

當時人人都會看電視，因此當歌曲搭配廣告、成為電視劇主題曲、或是歌手上節目打歌，都是成效顯著的宣傳方式。

此時的行銷模式，在於創造出讓音樂自然融入民眾生活的環境，盡可能激起民眾「想要ＣＤ」的欲望。

如果歌曲可以榮登每週公佈的ＣＤ暢銷榜，更能提高群眾曝光度，帶動銷量更上一層樓。

盡可能地提供大量訊息，在群眾間掀起最大熱度，製造出與競爭對手的差別。

換句話說，利用宣傳來創造需求，大量進貨ＣＤ，最終在唱片行賣出ＣＤ，這是舊時代的行銷。

只是現在的人們用更多樣化的方式來聆聽音樂。曾經我們除了親自到現場看表演、參加演唱會以外，只能用購買或者租借ＣＤ的方法來聽音樂，現在又多了一個「數

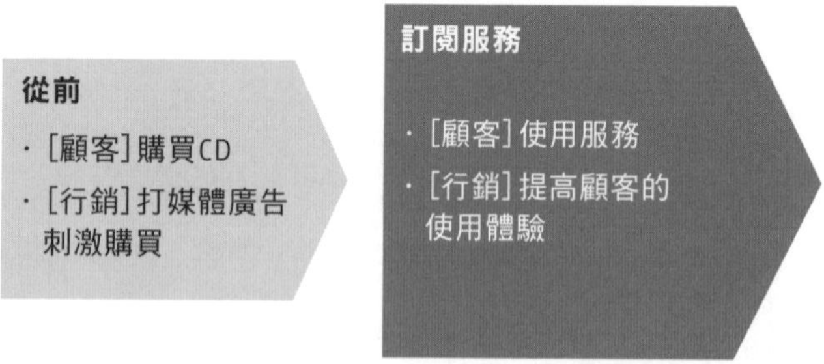

以音樂界為例看「購買」到「使用」的變化

位音樂」的新選擇。

數位音樂分為下載購買和串流服務兩種類型。下載購買是將音樂資料儲存至數位音樂播放器或智慧型手機中來聽音樂的一種方式。

下載購買一首單曲大約250日圓，雖然與傳統的購買形式不同，但是撇開方便度不談，本質上與購買CD並沒有太大差別。

因此，我認為那些主打下載購買的行銷方式，仍然是以舊型行銷手法為主。

「使用」時代的行銷模式

以串流媒體為主的線上音樂服務型態，收益源自於顧客的長期使用。

最具代表性的Spotify和Apple Music等音樂訂閱服務提供了平台的功能，我們可以將其想像成CD全盛時期的唱片行，會更容易理解。

音樂訂閱服務的行銷始於顧客下載應用程式的那一瞬間。如果顧客下載來用了三天左右，覺得不好用，立刻就會棄置一旁，因此必須透過行銷使顧客願意持續使用服務，方可實現收益。

日本市面上的線上音樂服務收費大約在每月980日圓左右。顧客持續使用三個月，銷售額就相當於一張專輯的價格，再更長期地使用下去，便會超過顧客購買多張專輯的銷售額。

於是現今**許多類似服務推出各種如首月免費的吸客活動，試圖吸引顧客從第二個月開始付費使用**。

例如Google Play Music的首頁，就會為使用者顯示正在附近舉辦巡迴演唱會的歌手歌單，還會推薦每週新上架的新曲。這些想必都是基於顧客的定位資訊和使用紀錄等數據來提供的服務。

訂閱制改變了商業流程

音樂訂閱服務不僅改變了行銷，更改變了音樂界的商業流程。

音樂業界曾經經歷過一段銷售低迷時期，唱片公司絞盡腦汁想賣CD，但顧客的目的並不是買CD，而是聽音樂。

雖然CD賣不出去了，但是由於智慧型手機的普及，線上音樂走進生活，我想人們聽到音樂的機會，反而更多於以往了。

隨時隨地、不受約束地聆聽自己喜歡的歌曲，這種線上音樂訂閱服務自然而然廣為大眾所接受。不需要前往唱片行，用智慧型手機就可以選擇想要的那一首歌來聽，即使是對於習慣購買CD來聽音樂的人來說，也是一種前所未有的嶄新體驗。

或許有人覺得，那用下載購買不也是一樣嗎？可是，假如有一天我們換了手機，下載過的音樂資料就需要全部轉移到新手機上，還是有點麻煩的吧。

使用訂閱服務的話，只需要重新下載應用程式，登入自己的帳號，就萬事搞定。更有部分服務鎖定大家庭市場，推出可擁有多個帳號的家庭方案。

當我們對使用訂閱服務聽音樂習以為常後，服務提供方就可以擷取到過去無從獲得的數據。即便是在CD全盛時期，有哪張CD熱銷幾百萬張，一時間蔚為話題，卻還是無從得知有哪些消費群眾買了這張CD。

買了它的人在這一張專輯裡，循環播放了哪首歌曲？又是在多久以後聽膩的？當時是否也沒人會去在意這些問題呢？

然而**透過訂閱服務，聽眾喜歡什麼歌曲、哪首歌重複被聆聽了幾遍、跳過了哪些歌曲……這些數據全都手到擒來**。可能還有熱門歌手和流行曲風的趨勢，都比以前更容易掌握了。

同時，以前宣傳歌曲時，一般都以新歌為主，但線上音樂訂閱服務提供了欣賞老歌的契機。哪一天某首老歌忽然又紅起來時，也將帶來直接的收益。

生產幾張CD、就只能賣幾張，除非有驚人的需求量，否則也不太能夠重新生產。

相對的，音樂訂閱服務可以消除CD時代的實體限制，無論是對於顧客、還是對於音樂廠牌來說，都擴展了「欣賞音樂」、「提供音樂」的疆界。這甚至創造出新的行為導向，即顧客在訂閱服務中聽到喜歡的歌曲後，進而下載購買。

如今音樂廠牌已經開始**改變行銷方式，轉為塑造聽眾持續聽音樂的意願**。平台方也祭出多項策略，主打新人歌手、建構粉絲基礎。以結果而言，即便音樂業界的CD依舊不好銷，仍陸續有多家企業獲得了龐大利益。

活用數據改善顧客體驗

善用新科技

訂閱行銷的**第2個重點，是活用數據改善顧客體驗**。第1章中也曾提及，智慧型手機和IoT等新科技，降低了收集顧客數據的難度。

在本章節中，我們要談談如何將科技運用於訂閱服務。

為了提升LTV、「創造持續使用意願」，需要持續分析數據，找出顧客的不滿和滿意之處，發覺改善產品或服務的線索。

在這一步裡要注意的是，「顧客體驗」是從舊時代便存在的。從前我們就能採訪顧客，詢問使用商品的感想，客戶服務中心也會接收到顧客購買產品後或使用服務後的各種心聲。

然而事實上，**倘若無法細膩了解到顧客實際使用前與使用後的感想，產品和服務很難做出什麼改善**。

在軟體還在以盒裝販售的時代，廠商無從知曉顧客將軟體安裝到電腦後會怎麼使用。廠商只能透過採訪等方式，一次又一次地做用戶調查，再接著開發、販售後續產品，但也許新版改善的功能並非顧客所期待的。

但是像Adobe一樣的訂閱型軟體，因為採線上連接，因此能夠明白顧客用了什麼功能、使用頻度有多高、誰在何時購買了追加軟體等，這些包括支付資訊在內的服務使用數據，都可以獲得。

不僅如此，LINE這類聊天工具的登場，更**將實時得到顧客回饋化為可能**。藉由這些數據訊息來不斷改善產品和服務，更緊密與顧客結合。

而在會計、人事考勤方面的訂閱制服務與分析工具中，收集的數據可以詳盡到顧客在何時、何種場景下，如何使用這些工具。自然也能從中明白，服務的使用趨勢會因應使用企業的規模而不同。

擁有了數據後，顧客常用的和不常用的各是哪些功能便一目了然，改善功能、提高顧客體驗一事，做起來也就容易許多。

我們甚至**可以發現顧客解約的徵兆**。譬如分析已解約顧客在解約前後的數據，或許就能看出一些端倪，像是開始大量取消訂單，或是已一段時間未使用服務。如此便可提前採取行動，降低解約風險，防患於未然。

創造在顧客體驗中收集數據的機制

這一步的重點在於**預先設計一套易於收集顧客回饋的體驗機制**。在開發產品或服務時，往往容易將重點擺在「要提供什麼樣的顧客體驗」，可追根究柢，若無法正確衡量顧客體驗後的反應，哪裡找得到改良的頭緒？

具體而言，除了從提供服務的網頁或應用程式中取得行動數據，還需要一套由評價系統直接囊括顧客意見的方便機制。或是直接讓產品發展IoT應用，也不失為一個獲知顧客反應的方法。

一般認智慧居家將是未來的趨勢，家中的一切物品皆可發展出IoT應用，收集數據的過程勢必比現在輕鬆簡易。比如當人們普遍開始使用智慧音箱來啟動、關閉家用電器，我們就能透過數據了解顧客是在哪個時段開始使用、用多長的時間。

另一方面，時尚產業提供像是寄送服飾給顧客穿過後再寄回的訂閱模式，這類伴隨著商品實際移動的服務，要收集數據或許就不是那麼簡單了。

不過，如同前文所述，可以**藉由提供應用程式或交談工具等形式，著墨於打造與顧客的數位接觸點**。

顧客將哪些服飾加入了收藏清單、將哪些移出了收藏清單、瀏覽什麼風格的服飾頁面、最終選擇了哪件衣服。如此追溯顧客的行為蹤跡，即可收集大量數據。

此時的重點在於**導入對顧客有益的機制**，例如「只要輸入您的身高體重、喜

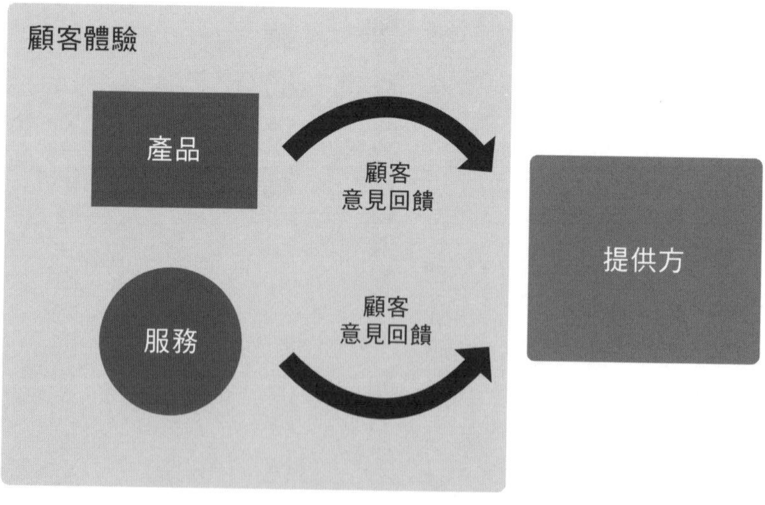

設計一套易於收集顧客回饋的機制

歡的顏色這些資料，就能收到恰合您喜好的服飾喔」。當顧客明白對自己有好處，也就願意使用這些功能了。

時下流行的共享汽車服務，我認為在獲取顧客資訊這方面應該要更加強化才是。譬如電動汽車特斯拉（Tesla）會隨時擷取行車數據，因此像行車路徑、駕駛方式、行車速度等顧客的駕駛習慣，勢必也在可掌握範圍內。

有了這些數據，訂閱制汽車服務就更有意思了。在行車距離和使用時間偏短的地區，針對使用頻度高的區域增加共享汽車據點，就有機會提升共享汽車的使用率。拿得到數據，就能發展更進一步的訂閱服務。

運用高科技對顧客的喜好進行客製化

擁有了數據，更易於為顧客量身打造，推出客製化服務。

資生堂首次推出的訂閱服務Optune，是一種配合顧客的膚質提供護膚產品的服務。顧客用專屬應用程式拍攝自己的皮膚後，資生堂會依據各方面的資料加以分析，根據季節和顧客健康狀況的變化，從多種護膚成分中找出最適合顧客的組合，使用專業機器萃取出精華。

在過去，顧客想知道自己的膚質特徵和狀態等資訊，必須親自到百貨公司的化妝品專櫃做測試。而現在，只需要一個應用程式就能取代。雖然這項服務剛剛起步，但我認為這是一個走向「個性化化妝品」的挑戰性舉措。

還有一家由造型師為顧客選擇服飾，並送貨上門的訂閱服務公司，叫做air Closet。

顧客首先要接受十種造型風格評估，並登錄身高等個人訊息。顧客可以在應用程式裡修改已登錄的資訊、建立和編輯我的最愛清單，也能對租來的時尚服飾給予意見回饋。

比如顧客反應「不喜歡這件襯衫的顏色，下次不想穿了」、「這件裙子的長度穿上剛剛好」，下次收到的服飾搭配就會更精準符合自己的喜好。如此一來，顧客自然更願意積極地回饋意見。

這家公司收集並分析顧客的喜好清單、各種意見、以及經常瀏覽的頁面等數據信息，從中得出每一位顧客的偏好。

如何理解數據

說起數據的重要性，話題重心總是容易偏向於如何收集數據。行銷界裡曾經有段時期，對於數據驅動行銷啦、怎麼與數據分析師配合啦，這類牽扯到「數據」的話題，總不免口沫橫飛地熱議一番。

數據很重要，這自然是毫無疑問，但是「收集到的數據應該如何處理？」卻成為了一項新課題（苦笑）。

收集到的數據要怎麼辦？自然是加以解讀，用來了解顧客。這時候我們就容易去關注那些說明顯著事實的數據，如會員人數的增減、銷售額的升降。

但是，數據應該是要在發生某種現象時，以此建立假說，並用於驗證。

舉例而言，假設面對解約人數增多的局面，某行銷負責人可能會想：「是不是那些看了免費試用的電視廣告加入會員的顧客，在免費期間結束後就馬上解約了？」此時，首先必須分析解約顧客的數據，驗證解約的顧客是否真的在電視廣告播放後才加入會員。

另一位負責人也許會假設「上個月發生了多次伺服器故障，難道是因為這樣造成顧客不滿，導致很多人解約？」或許還會發現「功能改良反而造成了顧客離開」這種可能。

這種時候，如果手上握有數據，就能一一驗證這些假說。

同前所述，所謂「運用數據」，並不是茫然地隨便收集一些看似可用的數字，拿來做一份「銷售額升降」報告。

針對事象建立假說，**從數值化的「定量數據」與「定性數據」——最具代表性的便是顧客意見——雙管齊下進行分析驗證，同時留意並避免各方面訊息產生偏差，從而深入了解顧客。**

顧客與企業攜手共創成功

為顧客一併創造成功

訂閱行銷的**第3項重點，是顧客與企業攜手共創成功**。我所謂的共同創造，是指企業提供產品或服務給顧客，讓顧客在使用的過程中，與企業共同創造心中當初的想望、尚未實現的理想。

這句話聽起來也許有些陌生，**我將「顧客達成自身的目的」稱作為「顧客的成功」**。

顧客的成功，乃建立在持續使用的過程中，對產品或服務性能的滿意度，以及心情的愉悅，獲得情緒上的滿足。

舉例來說，「使用了新化妝品之後，皮膚的狀態變好了」，即是滿意產品的功能性，顧客對「化妝品成分」這項功能感到滿意。

另一方面，「使用了新化妝品後，心情變得開朗，比以往更常外出了」、或是「工作時更有自信了」，這就是情緒上的滿足。藉由化妝品刺激顧客的心靈層面，讓顧客興奮雀躍。

唯有從這兩方面雙管齊下**實現顧客的成功，方能提高LTV**。

顧客的成功並非由企業強行施加其身。用戶通過持續使用不斷改良的產品或服務，感受到「這就是我想擁有的體驗」，這就塑造了顧客的成功。

而這般**顧客的成功稱為核心價值，在訂閱經濟中，創造這種核心價值尤為重要**。

選擇訂閱服務的顧客，他們付錢並不是因為想要擁有產品或服務，而是為了持續使用所帶來的成果。我們必須時常思

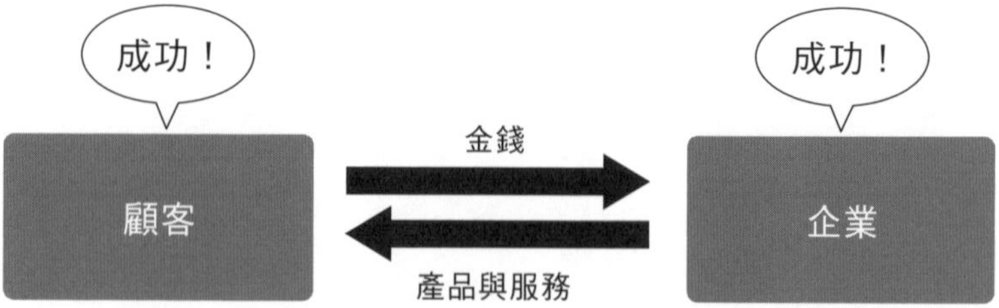

顧客與企業攜手共創成功

考的問題是，顧客真正期待的成功究竟是什麼？企業的行銷是否真正將重點放在創造顧客的成功？

設定顧客成功的明確指標

那麼，我們該如何具體把握顧客成功與否呢？

不僅限於訂閱服務，顧客在競爭激烈的眾多產品和服務中，挑選了自家公司的產品來使用並長期擁護，是存在著一種「契機」的。

有些契機可以從顧客口中問得，有些則是連顧客自己都沒有注意到的隱藏契機。

訂閱經濟中，**顧客在體驗了這種契機後，感受到「這個產品或服務有持續使用的價值」，願意繼續付費來長期使用，最終達到高LTV的結果**。

接下來，當企業能夠獲取各種數據後，就不必再侷限於單純的顧客訪問形式，還能從定量數據導出一種指標，判斷「塑造什麼樣的狀態意味著顧客的成功」。

我將這個指標稱為成功KPI。為了塑造能提高LTV的狀態，企業必須想像顧客使用產品或服務的行為模式，思考「能得到怎樣的數據」、「要如何才能使指標最佳化」。

例如線上影片訂閱服務，據說顧客入會的契機大多是被高票房電影吸引，而高LTV的會員中，有為數不少的人喜歡觀看影集。在這種情況下，我們就可以對觀看電影的人推薦相關聯的電視劇集，接著驗收這方法是否實際提高了目標客群的LTV。

舉一個不屬於訂閱服務的例子。據說用戶若在剛開始使用推特（Twitter）時就跟隨一定數量的帳號，持續使用率將大幅提升。所以推特會用發送郵件訊息等方式向新用戶推薦值得跟隨的帳號，讓用戶在擴增自己的跟隨者之前，先擴增他們跟隨的帳號數量。

再者，在消費者自由網購平台mercari的用戶中，許多人最初的使用目的在於「購買商品」或者「販售商品」，然而相較單純購買或者販售的用戶，買賣兩者皆有的用戶LTV來得更高。

因此，mercari會向有過購買紀錄的用戶推送訊息：「試試看，賣掉您手邊的某某物品吧！」或寄發對賣方有利的優惠券。

另外像是化妝品產業，若用戶首次購買商品後又購買了其他類別的商品（比如一開始買了化妝水，後來又買了彩妝等），則LTV有提升趨勢；在時尚品牌產業，若顧客購買的商品不僅自己喜歡，還得到了他人稱讚，則LTV有提升趨勢（只是這一點較難以視覺化）。

如此這般，**先嘗試從定量、定性這兩方面來思考自家公司產品或服務的成功KPI，就可以導出顧客成功的定義**。只不過，僅憑數據理論制定指標，可能會有倒因為果的風險，這點還需要格外留意。

企業是顧客成功的強力後盾

顧客要獲得成功，企業方也需提供各種援助。像Adobe Creative Cloud會跳出使用小幫手，也是在協助顧客能夠順利創作。

當然，懂得使用軟體的功能不算什麼，「多媒體創作的應用提升了工作價值」、「擁有專業能力讓自己找到了新工作」才是顧客的成功所在。

這裡有個值得參考的事例，是吉他廠商Fender的策略。吉他製造產業始終有個難題，那就是九成的吉他初學者會在一年以內放棄練習。

於是Fender針對這個問題，推出了收費線上吉他講座Fender Play。他們採用初學者憧憬的如綠洲合唱團、滾石樂團的樂曲當教材，製作配合學生能力程度的教學影片，以每月約10美元的價格讓學習者付費觀看。

註冊會員，回答自己想學習的樂器和樂曲，就能獲得符合自己程度的客製化教程，如此自然更有練習的價值。除了吉他外，這裡也提供貝斯和烏克麗麗課程。

不只是吉他，當人們能夠熟練地彈奏樂器，擁有自信後，自然會渴望更高階的款式型號。所以，Fender的策略是先增加會彈吉他的人。

從前的樂器廠商，大多致力於批發給樂器行，由此提高銷售業績。將產品擺在「想買吉他的顧客」會光臨的

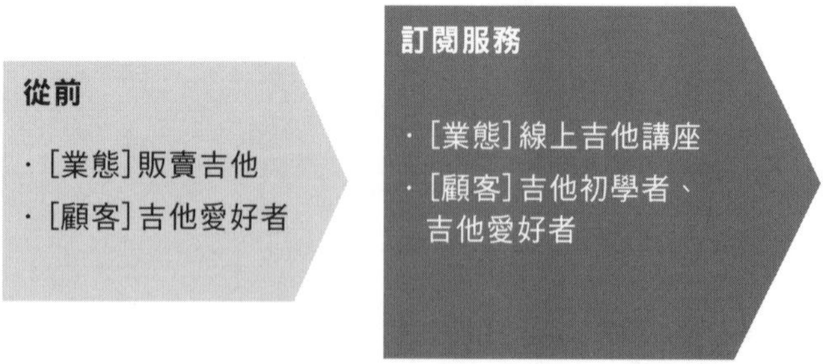

Fender的事業轉型

店裡，銷售重心擺在如何讓自家產品列入顧客的購買選項內。在這種情況下，廠商很難得知購買客群、購買的樂器品項、以及購買後的彈奏方式。

而Fender Play不僅僅是為想彈吉他和享受樂器的顧客提供協助，更能與顧客建立聯繫，為今後的回購埋下可能性的種子。

訂閱服務輔佐顧客得到成功，藉此打造出讓初學者對曾經遙不可及的高階樂器型號產生購買欲望的環境。

Fender的事例並不是一個發展出吉他IoT，最後賣出了智慧型吉他的故事。而是他們藉由網路和應用程式與顧客建立聯繫，鞏固顧客基盤的同時，還能夠明確知道哪些教程影片被播放了幾次、初學者容易在哪個環節受挫等情報，這樣的一套數據收集體系值得我們效法。

擴散顧客的成功體驗

將顧客的成功體驗推廣出去，而不是停留在個人的感想階段。**公開顧客的成功體驗，也是一種品牌推廣。**

譬如音樂訂閱服務都有一個「播放清單」的功能。用戶可以根據自己喜好的主題，製作諸如「冬天想聽的歌」或者「80年代懷念金曲」這樣的清單並公開。當其他用戶聆聽了這些分享出來的清單歌曲，便留下「某某用戶做的清單我很喜歡」、「真會選歌」的印象。

有些音樂訂閱服務可以讓用戶關注清單的主人，由此讓音樂喜好相近的人建立關聯。這些跟隨者中，勢必也會有一些想嘗試自己製作清單的人。這就讓用戶們漸漸地對服務越來越愛不釋手。

在以前的時代，我們的確需要製作超炫的電視廣告，尋求與其他企業的差別性作為品牌推廣的起點。然而到了現代，「朋友穿的那件衣服很酷」或者「使用這項服務讓我更加喜歡自己」這樣的顧客體驗，成為了品牌推廣的新起點。

透過顧客對其他顧客宣揚服務的優異性，而不是依靠廣告拉顧客進門。**成功的顧客，會帶來下一位顧客**。

不需要業務員的社群行銷

經營一個社群，讓在服務中體驗到成功的顧客有聚集的園地，一同分享成功的喜悅，彼此互助並加深更進一步使用服務的願望，這種手法稱為社群行銷。

社群行銷有個知名事例，是由小島英揮發起的Amazon Web Services用戶社群「JAWS-UG」。有的企業甚至在這社群中舉辦名為「用戶論壇」的討論會，分享自家公司服務的活用方法以及成功事例。

過去也有一些企業會募集聽眾來舉辦講座，同時推銷自家公司業務。但是我認為這種形式下的成交率並不是太好看。社群行銷與既往的企業開辦講座的最大區別，就是**企業不會在社群裡推銷**。

社群中有越多獲得成功的顧客，自然而然地就會好康道相報。所以企業不需要自賣自誇，訂單自然會主動上門。

某BtoB服務雖然擁有廣泛的知名度，卻一直苦於無法增加新客源，陷入了瓶頸。於是該公司廣邀頻繁使用自家服務的老顧客，舉辦了情報交流會。

在交流會上，他們不推銷服務，而是講述藉由他們的服務發展事業的具體成功事例。後來又辦了好幾次情報交流會，這個地區的同行們開始逐漸聚集在一起，經由口耳相傳與互相效法，越來越多人加入使用，最終成功拓展了市占率。

無法建立顧客口碑的產品和服務，無論其宣傳話題性有多強，今後在顧客支持這條路上，恐怕會走得越來越艱辛。

社群行銷絕不是個馬上能立竿見效的方法，但是在以顧客長期使用為前提的訂閱服務來說，卻是契合度絕佳的高明手段。

總結

在本章中，我們講述了訂閱行銷在購買產品或服務之後，與顧客建立連結的3大重點。

第1項重點是理解顧客的「使用意願」，而非「購買欲望」。

第2項重點是藉由數據運用強化顧客的「使用意願」。不是收集數據觀察業績走向，而是對整體業務中的某種現象建立假說，數據只是用來驗證假說的材料。

第3項重點，是顧客與企業攜手創造成功，稱之為「共創」。這需要企業在改善服務的過程中，發現顧客真正想要獲得的成功是什麼。顧客的成功體驗會在群眾和社群中擴散，最終帶來新的顧客。

訂閱制就是這樣一個與顧客一起改變、共同成長的服務，開展事業的方法也與從前的產品服務開發有根本上的不同。

在下一個章節，我們會談談如何創建訂閱服務事業。

第 3 章

訂閱服務事業的起步方式

訂閱服務的3種類型

從本章開始的內容，將具體講述如何創建訂閱服務事業。

訂閱服務無法一概而論，其中分為許多種模式。因此，讓我們先來看看訂閱服務的分類方式。

本書將**訂閱服務分成了「雲端型」、「共享型」、「預購／使用型」3種類型**。

也有其他分類方式，更簡單區分成服務型、商品型；但是在本書中，我們要更深入一步來討論訂閱制的多樣化服務型態。

下面就依序來看看。

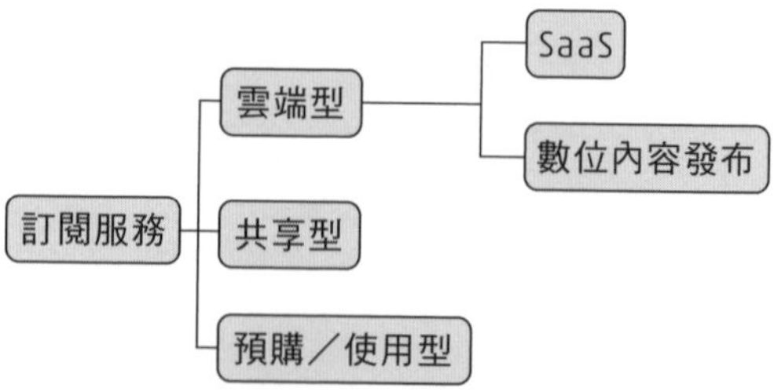

訂閱服務的3種類型

雲端型

所謂雲端型的訂閱服務，是透過網際網路提供服務，**以雲端運算為基礎來營運的一種服務型態**。

雲端型又可細分為兩種，分別為我們在第1章講述的SaaS，以及數位內容發布。

實際上，許多數位內容發布服務也是由SaaS所提供的，不過為了便於理解，在此將BtoB服務稱為SaaS，將BtoC服務稱為數位內容發布。

在日本，透過雲端提供軟體的SaaS類型服務，典型代表有：協助人資管理的SmartHR、

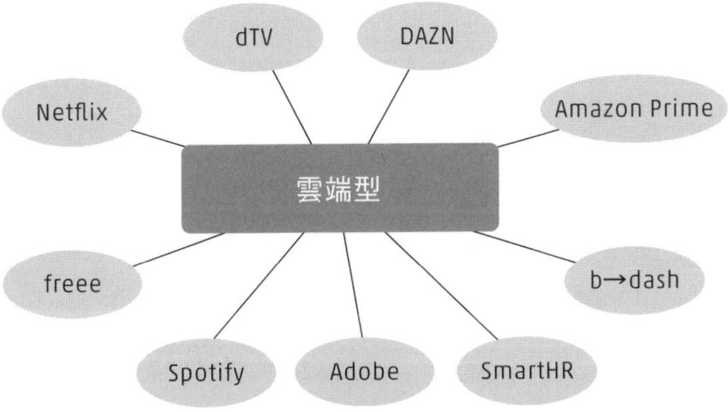

雲端型訂閱服務的代表

數據行銷工具b→dash、Salesforce、Marketo、輔助會計系統的freee……等，種類繁多，不勝枚舉。

我們可以認為，**SaaS幾乎都是以雲端型訂閱模式來提供服務**。

數位內容發布服務的典型代表服務則有Netflix、Amazon Prime、Spotify等影音娛樂服務，也有可無限閱讀雜誌的樂天誌（Rakuten Magazine）。廣受學生族群歡迎的Study Sapuri則是一個可以無限制觀看授課影片的學習App。

此外，有些服務也分別提供免費方案與月費制方案，區分免費版和月費版的可使用功能。

雲端型訂閱服務的特徵

雲端型訂閱模式下的產品或服務，其所提供的功能會累積成資產，這些資產也將一併成為公司營利的生力軍。譬如紙本雜誌的舊刊，有可能會銷售一空，但數位版雜誌永遠不會售罄。兩者是一樣的道理。

同時，雲端型訂閱的單價相對低廉，多有著藉此拓展使用客層的趨勢。

例如需要在公司內部設置伺服器的業務系統，由於開發與管理維護成本過高，過去都以大企業為主要使用客群，但是SaaS**能夠讓多個公司共享通用功能，比起讓每家公司各自坐擁自家系統，費用更為便宜**。

而且，即使共享的會員增多，會隨著業務量增減的變動性成本，如包裝、運送費用等依然不變，可以減輕用戶的負擔。

依據不同的使用人數，這些服務也設有多種費用方案，降低中小企業的導入門檻。

再來想像一下BtoC的數位內容發布服務。從前也許只有一小部分的狂熱的粉絲會購買收藏500首、1000首歌，而現在有了音樂訂閱服務，輕度的歌迷也可以享受沉浸在眾多樂曲裡的時光。其結果便是收服了更多樂迷。

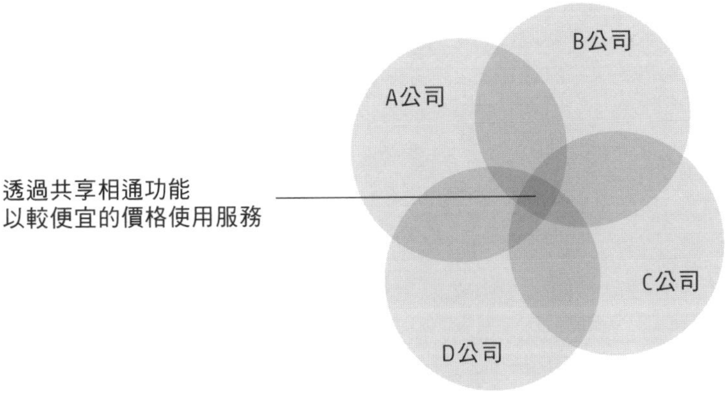

雲端型訂閱服務的特徵

雲端型訂閱服務的戰略，追求的是更高的市占率與個性化。這類服務有項特徵，由於多數此類服務完全倚靠數位資產，同行的競爭業者能夠輕易的如法炮製出相似內容，因此很難彰顯出太大的區別。

所以對於這類型的服務來說，關鍵在於切入市場之後，盡早投入廣告宣傳來迅速獲取顧客、收集顧客數據，再進一步開發出獨家功能或服務，採取個性化策略，同中求異。

NTT docomo在公司的入口網站「d市場」內，設有可觀看影片的dTV與d動畫商城、可閱讀雜誌的d magazine等多個雲端型訂閱服務。其特色為非使用docomo線路的別家通訊公司的顧客也能使用這些服務，以及稱為d point的積分系統。

在主打獨家內容、價格競爭、以及與競爭對手同中求異的BtoC數位內容發布服務領域，NTTdocomo採取了發揮綜合性實力的平台化戰略。

共享型

共享型訂閱服務，顧名思義就是將服飾、物品、房屋、汽車等**實際存在的物體**

與人共享的服務。比起購買並擁有物品，共享的好處是能節省初期費用，讓顧客可以用相對較低的門檻開始使用高價物品。

而且，即使用一用喜好改變了，也能隨時選擇更換成其他種類的物品。

共享型訂閱服務著重於創造「單項購買」時無法比擬的價值。與雲端型相較起來，共享型服務多以為顧客解決購置費用過高、不便替換，以及買斷帶來的缺點等問題為主。

共享型並不強調費用優勢，而是必須祭出與顧客價值觀相合的優點，如「自由選擇、喜歡就換」、「夢寐以求的生活」。**對於一直想換又換不了的東西，這方法可說是十分奏效。**

例如不動產、汽車等與生活型態相關，且相對高價的物品就屬於此類。購買了公寓或者汽車以

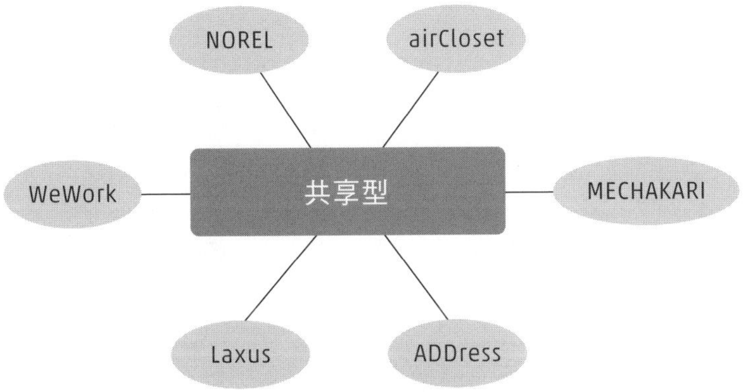

共享型訂閱服務的代表

後，實在很難一個動念就隨意換新。但如果是共享型的訂閱服務，就能換住到喜歡的家、換乘喜歡的車款，選擇你從前無法想像的全新生活。

經營二手車買賣的ＩＤＯＭ（舊名GULLIVER INTERNATIONAL）公司推出了汽車訂閱服務NOREL。只要顧客使用日數滿90天，就可以換乘下一輛車。而且基本費用中還包含了各種保險費、稅金和車檢費用，顧客在買車換車的過程中產生的痛點，就此煙消雲散。

顧客甚至可以從來自GULLIVER二手車存貨的１５０多種車款當中，隨意挑選想開的車，ＩＤＯＭ幫用戶實現了「各種車都想開開看」這種從前無法輕易實現的過癮體驗。

共享經濟與訂閱服務

訂閱服務通過顧客持續使用而獲利，共享經濟則是以共享取代擁有，讓物品持續處於被使用的狀態，兩者是天生一對，極為速配。

所謂共享經濟，指的是個人之間相互借貸、使用產品或服務的一種經濟體

系。根據日本共享經濟協會的調查，共享經濟在2018年度的市場規模已達到了1兆9000億日圓。

若能在成長階段解決已可預測的各項課題，共享經濟將來的市場規模據估計將在2030年度超過11兆日圓。

就在不遠的十年以前，購買並擁有物品天經地義，人們是從什麼時候開始，變得不再抗拒共享了呢？

我們來簡單說說大眾接受共享經濟的理由吧。

人們共享物品已行之有年，並不是什麼新鮮事。例如朋友之間借個書、以共同名義租借別墅等，但是只在認識的人之間，共享的物品也有限。

網際網路及隨之而來的網路平台普及，使運送和交流的成本驟降，人們開始處於即便與陌生人也能隨時保持聯繫的環境下。

同時，許多從前無法想像的服務也就此問世。

無論什麼樣的資訊，只要將其數據化，便能通過郵件或雲端服務與人共享；只要有網路，人們就能透過視訊會議、SNS、聊天室，在世界上任何地方取得聯繫。

換言之，人們不分遠近地串聯在一起，共享圈也由此更為擴展。並且，人們也有了多樣化價值觀，認為比起擁有，在需要的時候根據自身需求租用更為輕鬆。

一般認為，**共享經濟便是在科技進步帶來的環境變化與多元化價值觀之下而得以普及**。

一旦訂閱服務與共享經濟攜手合作，即可實現以往因為成本考量而無法辦到的事。

舉例而言，住在日本北陸地區的人即使想開敞篷車，但那裡的冬天經常大雪紛飛，買敞篷車實在不太實際。可是，倘若使用汽車訂閱服務，就可以在沒有下雪的時期開敞篷車，到了冬天再換開四輪驅動車，該輛敞篷跑車則換由其他地區的某人來開……產生循環。

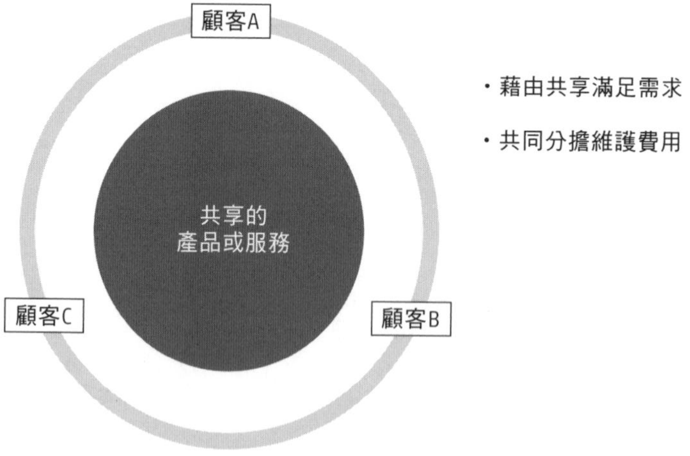

共享型訂閱服務的特徵

訂閱服務與共享經濟聯手出擊，就能由眾人共同分擔產品或服務的維護費用，再經由訂閱服務營造持續性的關係，縱觀整體服務，建立起一套完整的盈利機制。

預購／使用型

緊接著是預購／使用型訂閱服務，**顧客預約將來的購買和使用，定期或持續性地得到服務**。這種類型的訂閱服務並非持續提供相同的產品或服務，其價值在於能讓顧客進行客製化選擇。

預購／使用型相較於雲端型和共享型，規模顯得更小一些。不過，由於其客製化性質，顧客可以使用專為自己提供的產品或服務，因此這種模式可以在顧客與企業之間建立深厚的關係。培養粉絲群體可以帶來此類型服務的成長。

這種模式還有一項特徵，就是與人稱DtoC（Direct to Consumer：D2C）的商業模式具有絕佳的契合度。**所謂DtoC，是不經過中間商，由企業直接與顧客建立聯繫，開發並提供產品與服務的一套機制。**企業與顧客的距離更近，可聽見最真實的顧客心聲來開發產品，更容易與粉絲培養穩固關係。

筆者所服務的Oisix公司推出的「Oisix Club」就是預購／使用型的訂閱服務。這家的熱銷商品包括從全國各地進貨的有機蔬菜、以及烹調懶人包「Kit Oisix」。但是說穿了，有機蔬菜和烹調懶人包在普通的超市就有賣。那為什麼要推出訂閱制呢？說起來，是因為此服務幫顧客解決了「沒有多樣化選擇」的難題。

有機蔬菜與烹調懶人包都是賞味期很短的商品，上架後誰也無法預測能不能夠賣掉，品項也就難以和其他食材一樣齊全。

這樣的情況，導致超市的架上只出現流動性高、熱銷的那一部分商品，那些「想使用各種有機蔬菜」、「不想要冷凍的烹調包」的顧客也就無從挑選了。

而對於生產者來說，生產有可能滯銷的商品

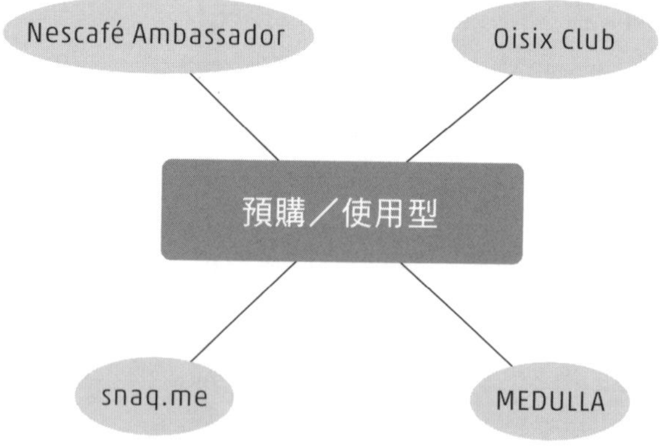

預購／使用型訂閱服務的代表

本身就是一項極大的風險。

　所以，倘若事先規劃出一套讓顧客定期使用有機蔬菜和烹飪包的機制，就能掌握未來的需求，實現穩定生產和齊全的品項。

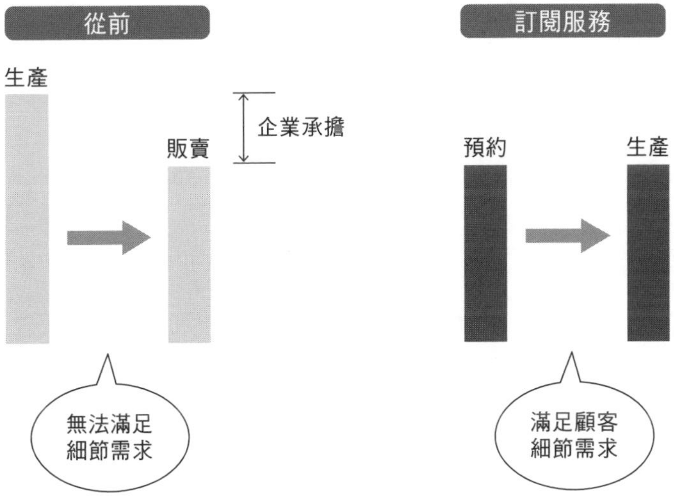

預購／使用型訂閱服務的特徵

創建訂閱服務事業的框架

5個步驟：PTCPP

到目前為止，我們講述了訂閱服務的3個分類。各位可以試著想想自己平時在使用的訂閱服務分別屬於哪個類型，將有助於加深理解。

說回本章的目的，其實是要來談談創建訂閱服務事業的方法。3種訂閱類型各有其合適發展的商品，我們很難制訂一個能適用於任何商品的完美架構，但是可以建立一個基本的共通體制。

那就是以下的5個步驟。

・P：發現痛點（Pain）

・T：以試用（Trial）驗證假說
・C：形成核心價值（Core value）
・P：確立事業計畫（Profitability）
・P：產品契合市場（Product Market Fit：PMF）

取各步驟的開頭字母，合稱為PTCPP。

遵循這些步驟來開發產品或服務，即可為實現顧客的成功，擴大事業。以下就按順序進行說明。

步驟1：發現痛點

創立一個新事業時，並非劈頭就開始製造產品或服務，而是從建立假說、驗證其正確與否開始。

找出自家公司的產品和服務中，以及在市面上的已有商品中，是否存在一些潛在的「不方便之處」——亦即用戶的痛點，並思考能否透過訂閱服務解決這些痛點？

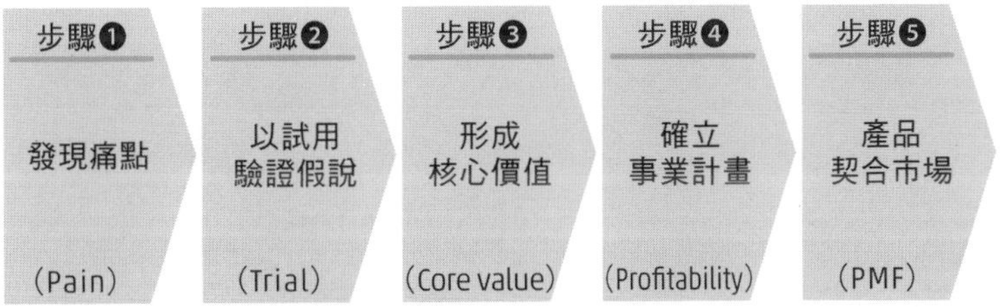

創建訂閱服務事業的「PTCPP」架構

首先由**「市場區隔（屬性）」**、**「需求」**、**「行為」**這3個視角來分析、尋找頭緒，找出用戶在這些方面的痛點。

▼市場區隔（屬性）視角

這種方法是基於諸如「30多歲社會人士」、「懷孕中女性」、「有年幼子女的母親」等屬性來找出用戶的痛點。優點是目標形象較明確，調查起來比較容易。

缺點方面可列舉的點有：現代人擁有多元化屬性，痛點也更為分散，難以掌握綜合的方向性。

▼需求視角

這種方法是針對有某種需求，卻對現有的產品和服務不甚滿意的用戶，思索新價值。例如「希望廚

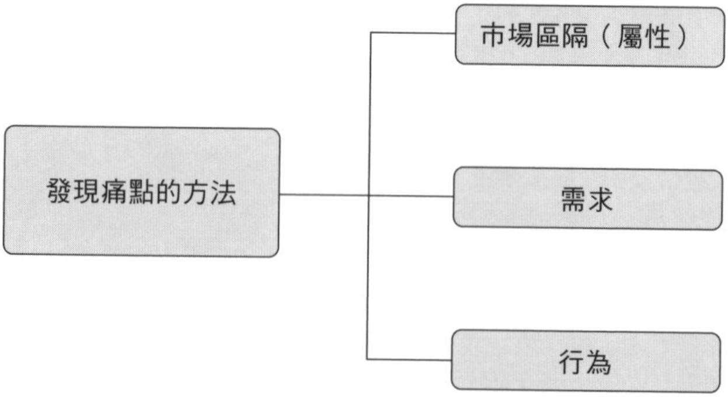

發現痛點

藝更進步」、「希望更有效率地完成家務」，這種心聲就清楚呈現出了用戶需求，要找出痛點顯得並不困難。

然而世界上還有許多需求儘管存在，卻莫名地遭到忽視。這些需求大多較為棘手，商業化的難度也不小。此外像是有用戶雖有強烈需求，但用戶本身數量偏少時，商業化的規模也會受限。

▼行為視角

行為視角的分析方法，是參考進行特定行為的族群來找出痛點。例如以「自行開車上下班的人」、「坐公車的人」、「搭乘捷運的人」作為切入點。

重點在於看出用戶的心思，像是「雖然還沒將這個產品或服務使用透徹，不過總覺得還有進步空間」這種隱藏心理。

這種方法是對用戶的行為模式有了一定掌握之後才進行分析，因此比起創建新事業，更適合作為對現有用戶進行垂直行銷或交叉行銷時的穩定策略。關於垂直行銷及交叉行銷，我們將會在第4章中提及，此處先繼續往下看。

發現痛點之後，開始設計產品和服務時，必須將周邊領域一併列入考慮。若為食材配送服務，用戶會思索食譜、下單訂購、等待送達、收取包裹、放入冰箱、烹飪、食用、收拾清理。之後還會不會再次下單呢……？設想到這一步後，再思考要為用戶的每一個行動提供什麼樣的體驗。

比方說，一項以省時為賣點的服務，如果下單流程複雜繁瑣，或是商品包裝收拾起來很費功夫的話，即使用戶對服務本身覺得滿意，最終還是不會持續回流。

步驟2：以試用驗證假說

設定了目標用戶與痛點的假說，再來就是開發出達到希望給用戶體驗的最低門檻的產品或服務來測試。先讓用戶使用小規模的產品或服務，觀察其**是否真的與目標客層契合，解決了痛點**。

在測試階段徵集一批測試員先行試用過，改良之後再正式推出服務，是最近越來越常見的一個方法。在BtoC服務領域，有的企業會透過群眾募資的方式聚集認同自家產品或服務的人，以此得到群眾資助的初期費用，同時也能為贊助者們提供測試版產品做為回報。

透過這種方法募集而來的用戶有著極高的訊息靈敏度，屬於喜歡嘗鮮的早期採用者（Early Adopters）。這類用戶層支持產品的心情也相對強烈，應當用心經營這些初期用戶。

此外，拜託自己身邊的人，如家人、朋友來做初期測試也可收到不錯的效果。想從一開始就取得目標用戶的資料不是件容易的事，而能夠直言不諱地告知產品缺點的親朋好友，更適合在開展事業之際給予有用的建言。反過來說，**若無法開發出讓親朋好友讚不絕口的產品或服務，勢必也難以見容於市面上**。

步驟3：形成核心價值

假設在試用檢證階段，有一定數量的用戶給出了好評。接下來便是要**理解「用戶對於產品或服務的哪個部分真正感受到價值而給予好評」，發現價值提供的核心，即核心價值**。

假設讓用戶試用一款音樂訂閱服務，體驗「1000萬首音樂免費暢聽」的功能。可想而知，除了原本就討厭音樂的人以外，幾乎所有試用用戶都會給予好評，畢竟不要錢（笑）。

於是我們開始採訪這些試用者，詢問使用情境、試用狀況、覺得有什麼優點。

用戶A：「這裡有X歌手的歌，還有Y歌手的歌，這樣我往後都不用再另外買歌聽了，覺得很好。」

用戶B：「喜歡音樂的朋友會和我分享推薦歌曲，不必再自己搜尋，感覺不錯。」

用戶C：「從一大堆歌中找喜歡的歌來聽太麻煩了。我還是會像以前一樣，只買自己喜歡的歌來聽。」

用戶D：「自從高中畢業後，已經好久沒遇到自己喜歡的歌了。能找到喜歡的歌，真的太棒了。」

用戶E：「我一直在聽懷舊老歌。可以配合當下情境聽歌很不錯。」

在實際的測試評價中，相信也能聽到許多這樣的用戶心聲。

此處的重點不在創造「優於過去產品／服務」的價值，而是**探討既有的產品或服務尚未滿足何種需求，要用什麼形式，才能讓用戶滿意並感受到價值。**

以前面的採訪例子來看，用戶A對服務已經足夠滿意，除了訴求於價格與價值面，或許沒有其他更能打動他的部分了；對於用戶C，如果能讓他體驗到可輕鬆搜尋到喜好歌曲的功能，此服務對他可能會更有價值；對用戶B、D、E，也許能透過最新科技，讓他們獲得以往的多次購買行為所無法獲得的價值，也就是「可以找到喜歡的歌曲」。

經由這樣的分析，便可導出核心價值。

有一點需要注意的是，**必須經常從技術和成本的角度評估核心價值實現的可能性**。再者，開發「萬能」的產品或服務並非真正的核心價值。重要的是擇定核心目標族群，訂立明確的核心價值。

步驟4：確立事業計畫

從用戶痛點來決定核心目標，在試用階段鑽研產品或服務方案，確立了核心價值後，下一步就是制定事業計畫。這部分將在第5章詳述，但總歸一句話，就是**評估此事業能否成立**。

這個階段制定的事業計畫即使籠統一些也無所謂。重要的是在反覆評測的過程中，判斷這項事業是否真的能成功。只不過，即便是再好的點子與創意，如果無法平衡成本和利益，都是前途多舛。

有個約略性的指標：當你創建了一個在100人左右的規模下可成功運轉的商業模型，即可開發產品或服務，推動初步測試。

就算是測試版，實際讓人用過產品或服務，就能看出該訂閱服務的事業計畫正確與否，也可得出該產品或服務的最低定價，以及要付出多少成本，才能讓有需要的用戶來使用。擬定這些方案，逐一確立事業計畫，然後重新審視此事業是否可行。

測試期間內，同樣要依據用戶的意見回饋不斷精進改良，而一旦敲定事業內容，就要進入正式培養產品與服務的階段。

步驟5：產品契合市場

訂閱服務裡談的「培養產品與服務」，指的是讓產品與服務去適應剛開始使用的顧客。顧客的意見就是培養的起點。要求用**「如何改良才能直接結合顧客的成功」**的觀點來審視。

舉例而言，懶人烹調包的價值在於簡便性，假設是「想做飯但是沒時間」、「不太會做飯」的顧客在購買。那麼為了創造這些顧客的成功，就需要對每樣菜色做問卷調查，掌握顧客具體期待哪方面的改善。

如食譜中常出現的「鹽少許」、「胡蘿蔔切滾刀塊」這種字眼，想必廚房新手看了也是一頭霧水。

那我們就加以改善，將「少許」的寫法改為「捏一小撮」，或製作食譜卡，於每個步驟附上蔬菜切法的照片。

同時，此階段已經不是測試版，而是針對一般大眾正式推出的付費型產品或服務，因此也勢必會收到顧客更加嚴厲的意見。

「客人突然就流失了」、「顧客的用法與預期不同」等情況也會發生，出現許多未能感受到核心價值的顧客。仔細分析這些情況，**使產品與服務契合市場**，這項工作稱為**產品契合市場**。

此外，光是靠調查問卷也還是無法摸透顧客的隱藏心理。這種時候也會一併實施面對面採訪。藉由如此反覆收集與分析細節訊息、精益求精的改善，漸漸培養出產品或服務的忠實顧客。

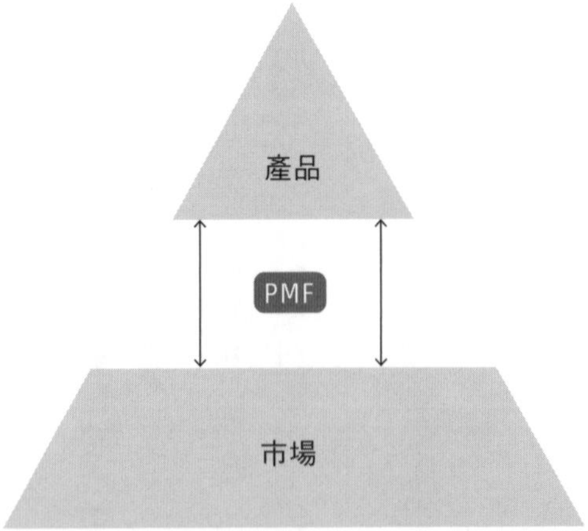

產品契合市場

從零開始的雲端型服務事業

這裡要介紹一個基於訂閱服務創業基礎架構「PTCPP」所創立的服務事例。

我所掌管的Thinqlo公司，為法人提供了一套專為數位行銷人士打造的學習程式「Co-Learning」。這是一項雲端型的訂閱服務，用戶可以通過聊天式UI（User Interface），在閱讀故事、解題和回答問卷的同時學習數位行銷的基礎知識。

▼從尚未解決的難題中發現事業的跡象

這項事業從發現用戶痛點（步驟1）開始。

如今的行銷業界欠缺人才，很多企業都有無從培養數位行銷人才的煩惱。在職訓練、研討研修、準備相關書籍讓員工閱讀等方法都可以培養人才，只是這些方法是否真能讓人學會一門技術尚且令人存疑，就連學習者本身也難以感到學有所成。這樣的問題一直存在。

另一方面，從Thinqlo公司實際經手的數位行銷顧問案例中，我們也發現業績長紅的企業全都有一個共同點。那就是第一線的行銷人員都具備紮實的行銷技巧。

從上述背景，我們認為**幫助在第一線實際負責行銷的人員加強實力**，可以為企業同時解決在職教育與提升銷售這兩大問題，而立意發展這項事業。

▼開發Beta版，尋找試用者

人才教育總是伴隨著「學習是否能讓人真正習得技能」的難題。我們思忖著建立了假說：「明文記載學習時間與內容」能夠解決這種煩惱。

核心目標客戶是約有2年職業資歷，業務繁忙的數位行銷人士。我們希望能讓用戶抱著輕鬆的心態開始，也可視自身情況隨時中斷，因此未選擇影片的形式，而是採用**使用聊天型UI閱讀文字故事**的形式。

每段學習課程約由40個故事組成，越往下閱讀，就能檢視自己獲得了什麼樣的技巧，學到了什麼內容。

我們製作了Beta體驗版，最小限度地包含了我們想提供的內容，委託幾家企業試用看看。（步驟2：以試用驗證假說）

▼參考Beta版的顧客反應，改良後推出正式服務

測試用戶開始使用後，各種數據很快就出來了。對故事的評價、問卷結果、持續性高的人和持續性低的人差別在哪裡……我們從Beta版中得到了大量的改良靈感。其中有些服務因為使用率偏低而被砍掉，也有客戶使用後反應程式不適合他們的公司。

經歷這些後，逐漸顯現出了這項服務的核心價值——**「學習進度即可反映出行銷專業能力，從而導向實務」**。（步驟3：形成核心價值）

有了數據後，將浮現出更具體的策略。對於持續性較低的用戶寄發CRM（Customer Relationship Management）郵件，或者應用程式的推播通知有不錯的效果。

如果是CRM郵件，可以選擇附加一些相近群體的資訊，例如課程完成率的學習排行榜、熱門收藏（可保存屬意的內容和圖片的功能）圖片等，激發學習欲望。

應用程式的推播功能因為可送出的情報量有限，頂多像是「今天繼續努力學習」這種短消息，但是可以從數據看出用戶慣於在哪個時間使用程式，來選擇合適的推播時間。

如此由Beta版到小型測試，一而再、再而三地改良功能，最終將事業計畫確立下

來（步驟4），服務正式推出。

▼擴大顧客的成功體驗

Co-Learning的最終目標是輔助數位行銷人士學習，使這些行銷專才的顧客能學以致用於工作上，刺激主動學習意願，取得成功。

用戶可以通過行銷相關內容的問卷功能來得知同事的意見。我們甚至收到有些企業的回饋，表示「員工們並肩學習成為了彼此之間的共同語言，所有人的想法變得清晰可見」，運用我們的程式來經營團隊向心力。

為顧客帶來的這份成功連我們自己也始料未及。有鑑於此，這項服務除了持續改善現有功能外，如今也在著手開發協助擴大團隊規模的全新輔助功能。

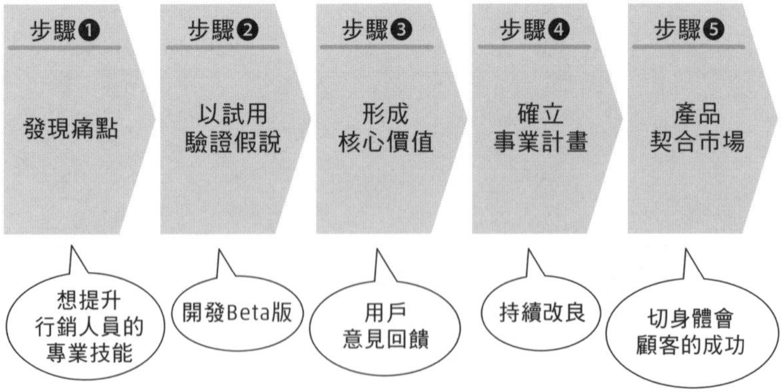

Co-Learning的PTCPP

不僅如此，有一些企業還將這項服務中明文定出的行銷技巧納入了人事考核制度，我們也正在評估將此列入日後的擴增功能當中。

經營這項服務的經驗讓我們知曉的，依然是數據的重要性。光是讓員工閱讀行銷書籍的作法，並無從得知他們認為哪些內容重要，哪些部分艱澀。

Co-Learning讓用戶可以在讀完故事之後填寫評價，基於這些顧客反應持續提升內容品質。（步驟5：產品契合市場）

加速拓展訂閱服務的3步驟

依PTCPP體制建立事業以後，接著便進入事業拓展期。這是令事業存續的重要階段。

需要遵循的是以下3步驟。

・共鳴
・個人化
・創造引流商品

步驟1：共鳴

當顧客喜歡並成為一項產品或服務的愛好者，他們的讚賞便開始為產品或服務建立起口碑。此步驟需要善用的是SNS。用各種活動讓顧客將使用產品或服務的模樣發送到推特或Instagram，分享成功體驗。第2章所說的擴散顧客的成功體驗，正是要在這個步驟發揮作用。

另外，品牌大使計畫也不賴。**所謂品牌大使，是指認同企業的理念、品牌的世界觀，能由衷宣揚產品或服務的人。**品牌大使一般由企業招募民眾免費參與。這樣的做法，自然而然能聚集一票願意支持該企業的顧客。

品牌大使都是一馬當先、自發性參與的顧客，因此會積極地分享意見。另一方面，企業也不可以完全陷入被動，應當建立一個理想的環境，引誘他們不自覺地發出訊息。

特別是在共享型訂閱服務，有些顧客會猶豫是否該公開自己共享使用時尚單品或家具的事情，似乎是因為不想讓別人覺得自己在「租借東西」。

這時若由企業作主召開粉絲見面會、協助創辦交流社群、或規劃SNS發文活動，就能鞏固顧客之間的團結力量。另外，由企業公關對社會大眾發布消息也有其成效。

譬如公開訂閱服務使用情形的正面調查結果，向大眾傳達訂閱服務解決了當今社會的難題等訊息，為顧客營造一個能夠以正面的態度，說出「我喜歡這個產品／服務」的良好環境。

我們的**理想是企業與品牌大使超越提供者與消費者的屏障，轉為一種共創價值的關係**。企業與顧客、顧客與顧客之間的共鳴，將大家串連在一起。

加速拓展訂閱服務的3步驟

步驟2：個人化

當顧客數量漸增，收集到使用數據後，接著要開始評估如何打造產品和服務的個人化。

即便核心價值這個大項不變，但是顧客當中，有些是剛開始使用的新人，也有已經使用了好幾次的老顧客，使用體驗必是因人而異。所以要分析顧客的使用情形、以及成功顧客的行為數據，打造個人化產品或服務，使有著多樣化需求的顧客能夠創造一定程度的成功體驗。

此處所謂的個人化，指的既是為每一個人優化產品與服務，同時也是**將具有共同趨勢或特徵的顧客視為一個群體**。

比如Spotify這樣的雲端型訂閱服務，所有的交流皆透過數據完成，因此完全能夠依照每個顧客的使用狀況打造最合適的服務。

另一方面，共享型以及預購／使用型的訂閱服務由於包括了實體物品的流動，多數場合難以進行徹底的個人優化，需要定義一定程度的顧客群體再進行個人化。這部分將在第4章「KPI要用『森林』概念來思考」內詳述。

步驟3：創造引流商品

這是擴大訂閱服務事業的最後一步。來到這裡，應當已達到個人化有一定進展，也可在一定程度上對應顧客多種需求的狀態。這同時也是傾全力增加顧客數的時機。

這一步要考慮的，是創造引流商品。假設有這樣一位顧客：「我是因為想看原創劇集才加入這家影片串流訂閱服務的，現在又發現這裡有很多我喜歡的外國影集，所以就續約了」。在這段描述中，我們可以得知讓顧客認識、並想嘗試的產品和功能，與促使顧客成為固定用戶的產品和功能，兩者是有差別的。

所謂的引流商品，指的就是前者。從顧客的行為數據分辨找出適合「獲取新顧客」的功能和「延續顧客使用率」的功能，將其納入與顧客的交流中。

而在這一步中，**由於已有了支撐該事業基盤的基礎客層，廣告勢必能更有效地吸引新顧客。**

我在第1章中曾提到，如今這時代，只憑企業單方面灌輸訊息的廣告，已不再能獲得顧客信賴，讓顧客買單了。但是，如果社會上、網路上已經有一部分人對該產品或服務產生共鳴，新客也將更願意相信企業廣告，對產品和服務產生興趣。

抓準此時機投放廣告，廣告就不會止步於僅是宣傳與其他家的差別性，現有顧客的親身體驗將支撐著該產品或服務獲得更穩固的名聲。

一些從廣告看到「讓時尚單品的訂閱服務改變你的生活」的人，會上SNS搜尋這項服務，看到愛好者們的貼文。

不難想像這會讓他們感覺廣告說的似乎並無虛假，同時對這項服務產生興趣。因應目標層去實施能夠最有效曝光的廣告，如網頁廣告、電視廣告等，逐步擴大訂閱服務的基礎客群。

意義存在於顧客的選擇裡

到這裡為止，我們已經看到訂閱服務創業的5個步驟，以及後續促進事業擴大的3步驟。

在創業的「步驟3：以試用驗證假說」階段，產品和服務尚未經過精雕細琢，也許有人會有疑問：「如果產品或服務不夠完美，顧客不願意使用呢？」發布不完整的Beta版本，是否真會有顧客跟隨我們？我也能理解這種疑慮。

不過**說到底，對於尚未使用的顧客而言，這些產品或服務等同於不存在**。對顧客來說，我們的產品和服務原本就不存在著商品價值。

就像亞馬遜的電子書暢讀服務Kindle Unlimited首月免費。就算不用錢，還是有人不去使用。對不用的人來說，那項產品或服務相當於不存在。所以要創建一項訂閱服務事業，很重要的一件事，就是用Beta版測試能否吸引顧客使用、能否從其他產品、服務中脫穎而出。

從「把現有的產品／服務塞給目標顧客」到「成為被選擇的那個」，思維模式的轉變勢在必行。

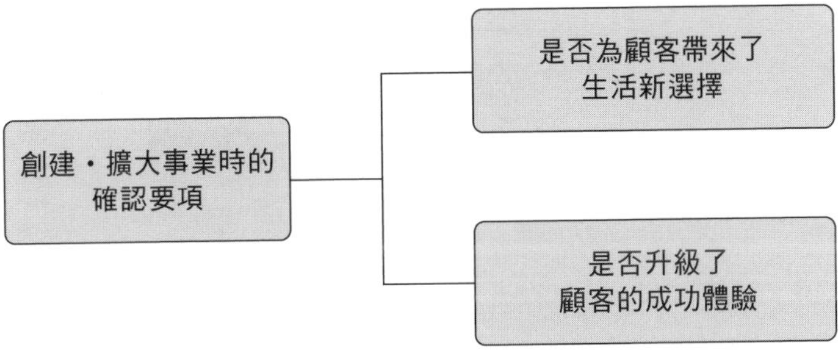
創建・擴大事業時的
確認要項
是否為顧客帶來了
生活新選擇
是否升級了
顧客的成功體驗

兩大確認要項

到目前為止，我們討論了創立訂閱服務與擴大事業的方法，然而這一切的前提，還是回歸到顧客是否有持續使用的意願。

有兩個確認要項可確保這項觀點。**「是否為顧客帶來了生活新選擇」**和**「是否升級了顧客的成功體驗」**。這是創業過程中非常重要的兩點，下面將依序詳述。

是否為顧客帶來了生活新選擇

訂閱服務提供顧客新的生活選擇

首先是第1個確認要項。

創造使顧客對產品或服務有持續使用意願的狀態，也就是讓產品或服務適配於顧客的生活。這將讓顧客的生活，因為訂閱服務的有無而發生極大變化。

反過來**從企業的立場來想，訂閱服務也可說在「提議一種新生活」**。新的生活將讓顧客體驗到不同於以往的行為模式與生活型態。

譬如汽車廠商過去透過汽車為顧客提供「移動」的服務，而汽車的訂閱服務則讓顧客可以依喜好換車，在任何時候駕駛任何自己想開的車，在這種服務下，汽車就從交通工具搖身一變成為打造新生活的服務。

更甚者，開車擴大了行動範圍後，也提供顧客更喜歡外出活動、出門兜風享受闔家時光等新的生活選擇。

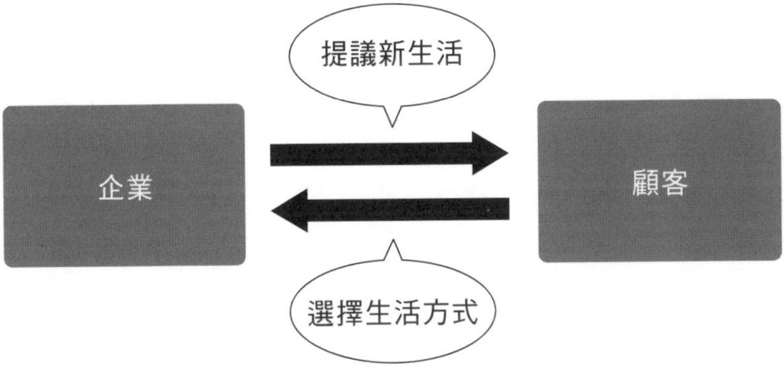

企業提議生活方式供顧客選擇

再舉個例子，美髮店通常是剪頭髮的地方，現在則出現了一種專門提供洗髮、吹整髮、做造型的訂閱服務。其運作模式是透過應用程式查詢合作美髮店的空檔，預約想去的時間。

美髮店週末客人比平日多，收費卻是一樣的。有些客人只想單純做個造型，卻覺得又不是參加婚禮，不好意思開口……。這些店家和客人各自難以啟齒的煩憂，透過應用程式連到了一起。

有些顧客反應：「見重要客戶之前，我會請專家幫忙做髮型。這讓我更有自信，更容易談成生意。」這就是選擇了通過做髮型成就工作的生活方式。

有人需要，自然也有人不需要，使用訂閱服務，也可以說是對生活方式的一種選擇。

生活方式的建議很難傳達

然而訂閱服務所提倡的生活方式，並不能讓顧客立有所感。

例如有造型師代為搭配的時尚單品訂閱服務，起初勢必有顧客表示：「我是因為可以節省服裝費用才使用這項服務的，用不著特地讓別人幫忙選衣服……」。

即便如此，當顧客持續使用下去，便能體會到「參考造型師的搭配讓自己品味提升」或「穿別人選擇的衣服也很有趣」。

我很喜歡Spotify的標語——發現音樂。Spotify不同於其餘音樂串流服務，在實際使用的過程中，推薦的音樂會越來越適合自己。

「年輕時都會多方聽各種音樂，現在總是反覆聽過去的老歌，感覺有些惆悵……」剛冒出這樣的念頭，Spotify就為我帶來了與新歌的邂逅。

不過我一開始也並非如標語一般，是為了「發現音樂」才開始使用的。而是它推薦的音樂令我舒適，在持續使用的過程中，我開始感覺到發現音樂的生活方式有多麼美好。

我想，其他的線上音樂服務也會提供各不相同的生活方式，讓顧客在其中做出選擇。

就像這樣，**顧客唯有在使用過產品或服務並體驗到成功後，才會意識到訂閱服務所提供的新生活選擇**。

因此訂閱服務的設計，需要降低顧客初次使用產品或服務的「入門」難度，使其早期就能嚐到成功的滋味。

訂閱服務的「首月免費」，就是希望顧客在免費期間內喜歡上自家產品／服務的一種手法。

入門設計的重點在於顧客能否真實感受到「這項產品／服務真不錯」。從現有顧客的行為數據以及調查問卷中，理應能找出自家產品或服務最受歡迎的功能和體驗。將這些部分納入入門設計，置入電子郵件中引起顧客關注，或放在新手教學課程中。

有些人總會做出別的選擇

訂閱服務提供新生活方式的選項，但還是有些人不這麼選擇。前面我們提過，需要傾聽顧客的意見，持續改善產品和服務。

不過，**對於和自家公司提議的生活方式不適合的顧客，他們的意見也就聽聽當作參考就好**。

假設有個高檔名牌包的訂閱服務，每月費用為5萬日圓，顧客可依據不同的商業場合來更換提包，獲得「洽談成功」、「工作更有幹勁」的成功體驗。

偏高的價格使這項服務能更注重細部環節、為顧客精挑細選出合適的包款，顧客們也選擇了這種生活方式。

如果此時出現了「希望降低月費價格」的聲音，會怎麼樣呢？倘若聽從了這種意見，有可能會降低所提供的名牌包款品質。

品質一旦滑落，不僅惹得既有顧客不悅，也與這項服務所提倡的生活方式大相逕庭。

當然，價格範圍的設計必須合理，卻也不能偏離自家公司想要實現的顧客成功和生活方式。

請求顧客取消訂閱也無妨

推出住宅訂閱服務的ADDress公司所經營的Co-Living（意為兼具居住與辦公空間）服務，顧客最低只需每月花費4萬日圓，即可在該公司管理的房產中任選任住。公司擁有的房產遍布全國，使用一次最多可居住七天。

這項服務從封閉測試的Beta版時期就收到了超過2000件諮詢，經歷試用階段後，正式上線營運。

ADDress定義的顧客成功是：藉由不同地區的短期生活體驗來實現新的工作方式，以及認識全國各地與自己擁有相同價值觀的人們，充實自我人生。

因此，對於那些並不希望與「家守」（守護家園的人，即管理房屋的社群經理）或當地居民交流的顧客，該公司會非常詳盡地說明他們想推廣的生活型態。

倘若雙方依舊無法就期望的成功達成共識，該公司有可能會退還費用，請求顧客取消訂閱。

依據顧客反應而反覆改良產品和服務，使服務適合顧客的生活，令顧客產生喜愛之情，在這樣的循環過程中，產品和服務的內容已不再是當初的模樣，這也是十分有可能發生的情況。但是要提供給顧客的核心價值，終究不能遺失。

是否升級了顧客的成功體驗

跟上生活型態的變化

接下來，我們來看看第2個確認要項。

當顧客與企業建立起平等的關係，這層關係逐漸加深，接受新生活方式的顧客越來越多時，顧客的成功也越加豐富多樣。

與此同時，現有顧客的成功定義也將更為寬廣，同樣的產品和服務勢必難以繼續維持顧客的成功。

好比為上班族提供的時尚單品訂閱服務，顧客因為生活型態的轉變，開始想選擇不同的時尚風格，也不是什麼稀奇的事。

若此時讓顧客覺得「最近都沒有適合我的衣服」而解約，就太遺憾了。

在這裡，我們既要保持至今累積的顧客成功，同時也必須創造新的成功。**訂閱服務要持續升級顧客的成功體驗。**

此時所需要的，是傾聽顧客的聲音，盡可能貼近他們所期待的成功。特別是產品和服務在推出一段不短的時間後，初期顧客與新顧客所追求的成功，有時候並不盡相同。

在這種情況下，則必須開發新產品或服務來升級顧客的成功。

Amazon Prime最初只是一項在Amazon購物免運費的服務，現在服務內容已經擴大到Kindle、影片串流等方面。這就是顧客成功的升級。

另外，雲端型訂閱服務因應會員需求持續擴增功能，也是其蓬勃發展的背後因素之一。

顧客的生活型態會隨著時代以及社會形勢持續改變。訂閱服務事業勢必也需要追上顧客當下所期望的生活方式，努力求變。

掌控事業資產

為顧客的成功體驗升級時，應著眼於自家公司的事業資產。

所謂事業資產，指的是產品和服務、基本會員、顧客數據、人力資源、開發環境、生產及物流體系等這些企業所擁有的資產。

在這些我們理所當然擁有的事物當中，隱藏著意想不到的提示，能為事業加分。

首先要關注的是事業資產當中的顧客購買數據。這些數據可幫助我們得知什麼人在什麼時候、什麼地方、如何購買了產品或服務，成為PTCPP步驟1——尋找痛點的線索。

又比如企業與外部夥伴的關係，也是無可替代的事業資產。擁有產品和服務的企業，想必能將共享列入考慮。

而倘若能以IoT或AI為前提來開發產品和服務，當更容易取得顧客數據。

重新審視生產體系也能帶來一些思考的空間。一般而言，製造商會將產品批發給代理銷售店，所以在過去，廠商無從知曉是什麼樣的人在購買自家產品。

這樣的背景讓跳過批發商以及中間企業，由生產企業直接與顧客建立聯繫的DtoC商業模式越來越常見。

本章開頭講述預購／使用型訂閱服務的段落也曾提及，**DtoC的機制與大規模生產和大規模消費的方向性恰恰相反，因此更受到規模相對較小的創投企業關注**。

只不過DtoC和訂閱服務一樣，需要仔細琢磨方可盈利。

但DtoC有一項優勢，除前述的可直接與顧客建立聯繫以外，還能將顧客的意見反映於產品／服務開發，並在已獲得一定程度的顧客支持下販售商品。

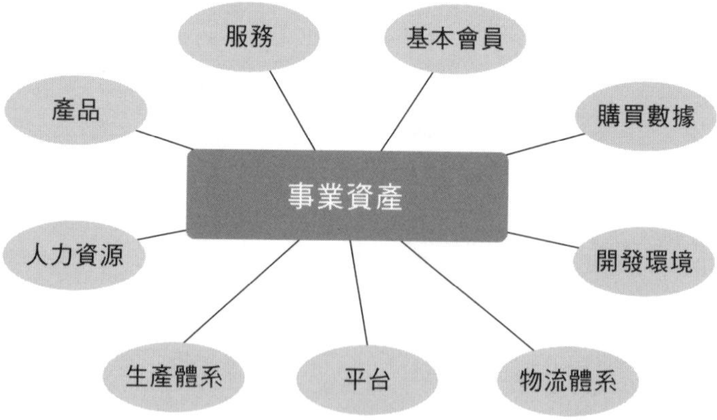

事業資產的主要種類

憑藉這些優勢做出成績後，更可依據實地經驗來擴張事業版圖，或衍生出其餘附加價值，例如開發與先前截然不同的產品或服務。

站在與顧客直接建立聯繫的觀點，有些大型廠商也開始採用群眾募資作為開發新產品／服務事業的平台。

再加上訂閱服務的體系本身也可視作事業資產的一部分。像汽車和手錶這類越用越有感情的商品，相信也會讓人在使用的過程中產生想擁有的欲望。

考量到這層需求，若能在定期使用以外再追加「購買」的方案，即可在提供顧客新成功的同時，另闢收益來源。

實際上在時尚單品訂閱服務中，也確實提供了讓顧客買下商品的服務。這就是回應顧客需求，滿足了表示「很喜歡租來的衣服，想買下來」的顧客。

推動持續進化的團隊

從事業資產的角度來研擬策略方針，真要說起來，應該算是在為事業另闢新徑，摸索跳脫現有產品和服務範疇的可能。

另一方面，我認為訂閱服務的有趣之處，在於當前事業的進化蛻變。在反覆改良產品和服務的過程中，往往能發現或有潛力的新事業，找到新產品和新服務的種籽。

發覺新產品新服務的契機後，則比照訂閱服務的創業5步驟，初期先召集少人數測試，再持續改善來穩固這些顧客。

接著按照促進事業擴大的3步驟，逐漸增加顧客，採取策略提高LTV……重複循環這些步驟，拓展事業規模。

最理想的狀態是循環PDCA的步驟，使事業穩步成長，拓張版圖。這可能接近於精實創業的概念。

握有主導權的，是被稱為「服務發展」的團隊。

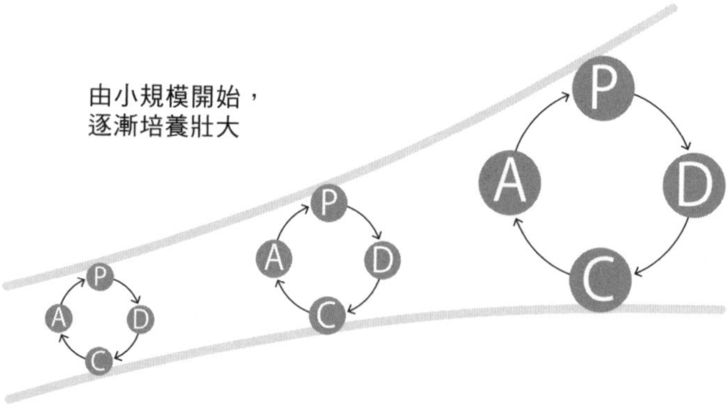

服務發展團隊的PDCA成長示意圖

服務發展團隊會在推動訂閱服務主要事業體的同時，培養新的事業。

他們的視線遍及服務整體，因此刻意不叫「新事業團隊」或者「行銷團隊」，而以「服務發展團隊」稱之。

這個團隊在擴大訂閱服務事業時有著舉足輕重的地位，在第6章會有更詳細的說明。

總結

在這個章節，首先將訂閱服務分為3個類型，介紹了各自的特徵。

接著談到訂閱服務的創業框架——PTCPP，以及促進事業擴大的3個步驟。並列出了2個確認要項：「是否為顧客帶來了生活新選擇」和「是否升級了顧客的成功體驗」。

下一章要談論的，則是訂閱服務事業在實際發展過程中，應當掌握的重要指標，即KPI（Key Performance Indicator）。

第 4 章

訂閱服務的KPI

訂閱服務的KPI思維

在前面幾章中，我們看到了訂閱行銷的基本思維和訂閱服務事業的起步方式。以此為基礎，我們將從本章開始進入實踐。

特別是對於想要展開訂閱服務事業的人來說，這是講解紓解銷售困境所需基本知識的一章，期許各位能夠深入掌握。

「用戶」、「顧客」、「會員」的差別

搞懂訂閱服務的KPI的第一步，需要先理解**「用戶」**、**「顧客」**、**「會員」**這幾個詞的定義。

不同企業或許對這些詞語有著不同的定義，然而在相關人士之間若對定義沒有

共識，恐怕會造成不必要的麻煩。

特別是大量聘僱有經驗人士的企業、以及與外部夥伴交流頻繁的企業，即使覺得「誰都應該懂得這些詞的意思」，也請先確認一下，是否所有人對這些詞語的定義都有共同的認知。

用戶：無論是否為產品或服務的使用者，只要是認知到該項產品或服務的消費者，即稱為「用戶」。

顧客：在產品或服務的使用者中，有實際消費行為的人，稱為「顧客」。

會員：加入產品或服務的提供方所建立的會員制度者，稱為「會員」。

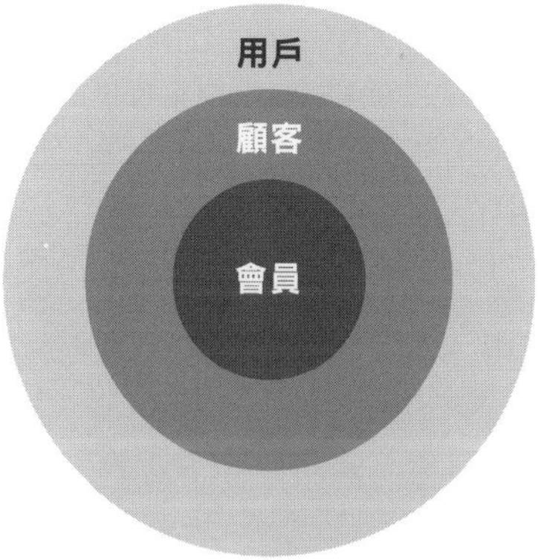

用戶、顧客、會員的分類

訂閱服務的3項KPI

釐清了詞語的定義後，下面就來進入正題吧。

訂閱服務的3項KPI分別是「會員數」、「使用率」、「單價」。

「會員數」指的是付費訂閱的會員，免費會員不在此列。

「使用率」是衡量付費會員在一定期間內使用該服務頻率的指標。通常以使用次數除以試用期間來計算，用百分比表示。

「單價」則是產品和服務的提供價格。

至於為什麼要有3個KPI呢？**因為訂閱服務的營業收入是以「會員數」×「使用率」×「單價」來計算。**

假設一項訂閱服務的會員數為1萬人，使用率50%，單價5000日圓。那麼銷售額就能用會員數1萬人×使用率0.5×單價5000日圓，算出銷售額為2500萬日圓。很簡單的計算對吧。

營業收入 ＝ **會員數** × **使用率** × **單價**

訂閱服務的營業收入構成要素

把KPI想像成「樹林」

明白了3個KPI組成的營業收入結構後，是不是更容易想像得到提升收入的方法呢？具體來說，只要增加會員數、提升使用率，或是抬高單價就好了，這不難理解。

這其中的會員數和使用率還可以更進一步細化分解。

這是因為「會員數」和「使用率」只是一個粗略的觀點，作為一項KPI指標來說尚顯粗糙，不夠精準。我們用會員數來具體思考看看。

在眾多會員中，有新入會的人，也有即將解約退訂的人。假設我們已知藉由打廣告吸引到的大部分新會員入會不久就會解約，那麼投放廣告就稱不上是

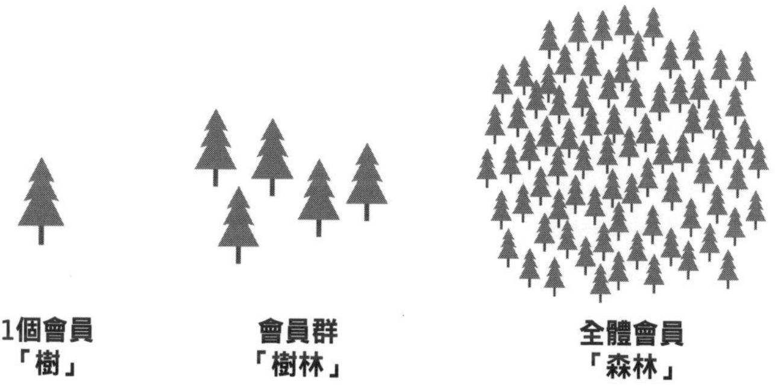

把KPI看作「樹林」

提升銷售額的最佳手段。

所以，我們需要觀察解約會員的趨勢，了解人們取消訂閱的大部分理由，思索解決方式。

話雖如此，倒也不需詳細到去追蹤每一個會員的數據。**倘若全體會員是一座「森林」，一個會員是一棵「樹」的話，我推薦差不多以「樹林」為單位來觀察。**譬如可以將3個月到1年以上的使用者群體看作一片「樹林」。

分出群體之後，開始觀察不同「樹林」的會員數與使用率。而關於單價這個指標，還會在後面提及，但有鑑於產品或服務的不同特性，無法一言以蔽之，將以訂閱服務的類型來分門探討。

會員數的思考觀點

區分為「初期會員」、「持續會員」、「解約會員」

訂閱服務的第一項KPI——會員數，共分為**「初期會員」**、**「持續會員」**、**「解約會員」**等3項來思考。

初期會員是指新加入訂閱服務的付費會員。持續會員是由中層會員以及資深會員構成的付費會員。具體持續使用多長期間會被看作

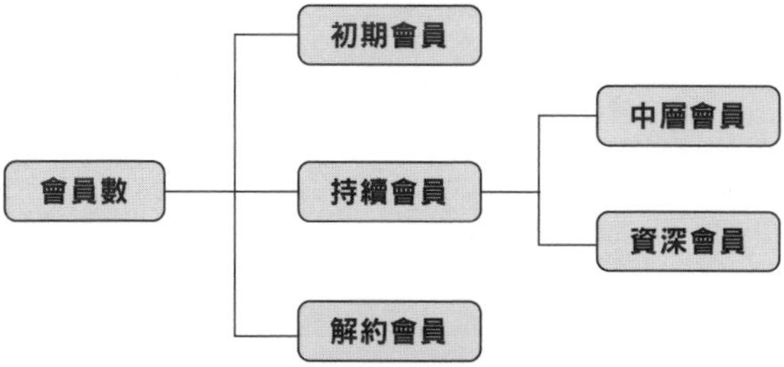

會員數的思考觀點

會員數 ＝ **初期會員** ＋ **持續會員（中層＋資深）** － **解約會員**

會員數的算法

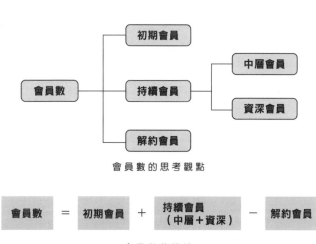

中層，多久會成為資深會員，則因各事業特性而異。解約會員則是指中途取消訂閱，不再付費使用的人。

由此可知，訂閱服務的會員數可以**初期會員＋持續會員－解約會員**來計算。

研究初期會員與解約會員的背後因素對訂閱服務尤其重要，接下來會聚焦看看這些因素。

分析初期會員的3個要素

分析初期會員有3個要素：「**訪問數**」、「**訪客轉換率（CVR）**」、「**轉換率**」。

訪問數是訪問該服務網站的用戶總數；CVR是訪問數中，成為顧客的人占的比例；轉換率則是顧客當中，實際申請訂閱、定期付費的人（即訂閱會員）占的比例。

由此得出**初期會員以訪問數×CVR×轉換率來計算**。

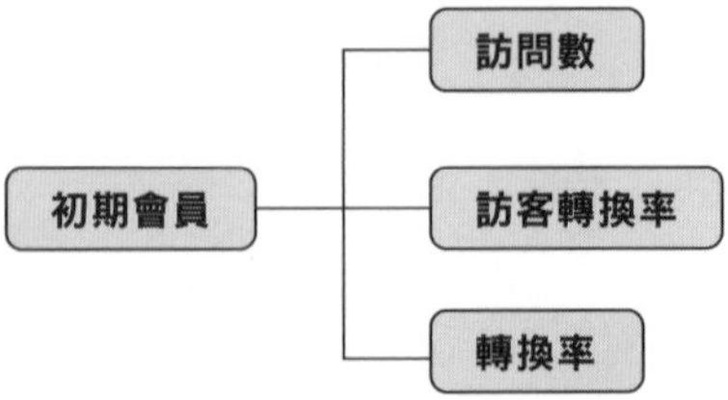

初期會員的要素

當我們想要增加初期會員時，可以從流入通道、到達頁（LP）、溝通交流這3方面來改善。

所謂流入通道，就是顧客的流入途徑，顯示顧客經由哪個網站來到自家公司的網站。

LP指的是顧客最初到訪的頁面，不過在行銷手法中，LP指的多半為顧客點擊廣告或相關連結後，最初顯示出、目標為獲取顧客的頁面。本書將以後者的定義來講解。

溝通交流是指與顧客的互動方式，此處為廣告手法之意。

改善上述項目，觀察CVR以及轉換為訂閱會員的比例是否能因此提升。有處容易被忽略的地方，就是LP的申請表格。若LP的流入量不差，CVR卻差強人意，可能你的到達頁就有「申請表格很難寫」、「要填的資訊太多」的缺點。請務必優先改善這些問題。

$$\text{轉換率} = \frac{\text{訂閱會員}}{\text{顧客}}$$

轉換率的算法

$$\text{CVR} = \frac{\text{成為顧客者}}{\text{訪問數}}$$

CVR的算法

解約會員的分法：「初期」、「中層」、「資深」

接下來是分析解約會員，有3項要素，乃以訂閱期間劃分的**「初期解約」**、**「中層解約」**、**「資深解約」**。

舉例而言，一項服務若是以每天使用為前提，初期解約就可以指加入後不滿3個月就解約的會員，中層解約則是3個月至半年之內解約，資深解約則是超過半年以後解約的會員。對於以持續使用為前提的訂閱服務來說，如此用訂閱期間劃分解約會員是一項重點概念。

我們從中可想而知的是，初期解約的人沒有在該服務中紮根，就取消了訂閱；也可以明白資深解約者雖然穩定使用這項服務，卻因為某些緣由而退出了。

一項服務的長期使用（＝會員穩定、習慣使用）期間，定義隨著該服務的特性而異，因此應當先評估會員穩固於自家

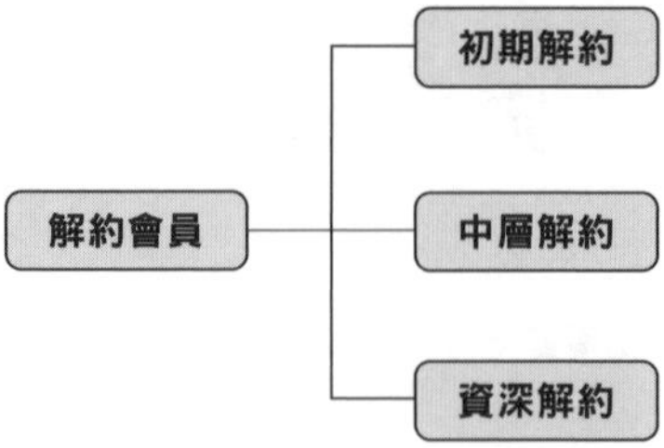

分析解約會員的要素

公司的服務需要多長的期間，再區分初期、中層、資深會員。

我相信在服務運行的過程中，就能漸漸看出適當的劃分法。並請注意，所謂「顧客穩定使用服務」，是顧客已將服務功能使用透徹，並且體驗到成功的狀態。

這裡有個可供參考的思路。解約率首次攀升的時間點，可以成為判斷顧客穩定使用與否的指標。解約率可以用一段期間內的目標會員族群的解約數除以會員數算得。

將解約率首次攀升以前的會員定義為初期會員，若發現初期會員的解約情況太嚴重，再實施一些穩固會員的策略即可。

相較之下，我們也能將已慣用這項服務的中層與資深解約會員分開探討，想必他們的解約理由與初期會員有所不同。

就像這樣，**入會期間長短不一的會員，有著不同的解約理由**。如此即可明白，解決方法不只是「發優惠券促使會員持續使用」這麼簡單。用入會期間將解約的顧客分類，有助於我們想出有效對策來解決顧客流失。

$$\text{解約率} = \frac{\text{解約數}}{\text{會員數}}$$

一段期間內解約率的算法

使用率的思考觀點

「使用率下降就推優惠」是錯誤觀念

接下來要來看一看第2項KPI——使用率。

使用率是會員於一段期間內是否使用了服務的指標。特別是對於預購／使用型的訂閱服務來說，使用率是一項非常重要的KPI。

以經常性使用為前提的雲端型與共享型的訂閱服務，其使用率近乎100％，但是預購／使用型的訂閱服務卻會發生一定數量的取消訂閱。由於使用率的變化會直接反映在營業收入上，因此需審慎觀察這項指標。

常見的錯誤行銷手法就是「使用率下降就推優惠」。許多人傾向於實施一些提高使用頻率的措施，但是就如同上文中對解約會員的思考方式，先找出哪一種會員的使用率在下滑，更能對症下藥。

因此，使用率也要分別從**「按使用者區分」**、**「按方案區分」**、**「按R（Recency）區分」**這3方面來思考。

從這些切入點觀察，便可看出降低的是哪部分的使用率、誰的使用率。假如使用率下滑的因素來自於剛入會不久的顧客族群，那便沒有必要連同使用率未下降的其他會員一併實施特惠。

換言之，**必須避免純粹推優惠來解決問題**。也是為了減少這樣的機會損失，我希望各位能從上述的3個切入點出發，從多元角度審視使用率。

按使用者區分，用到的是追蹤解約率時所用的初期、中層、資深會員概念，去分析各類使用者的使用率。如同我在「會員數的思考觀點」段落中所提到的，會員對一項服務的穩定使用程度，也影響著他們的使用型態。假如初期會員的使用

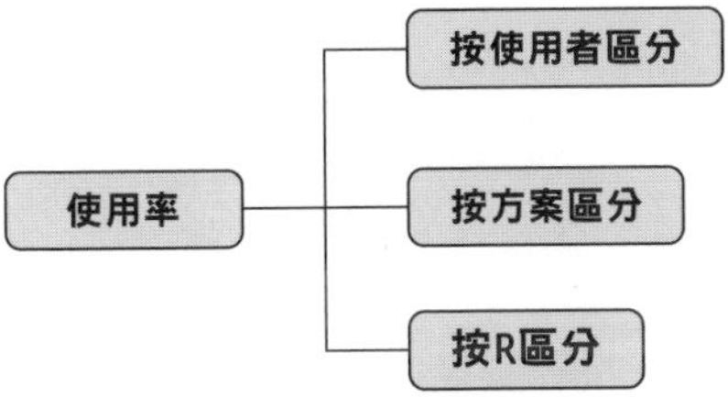

使用率的思考觀點

率過低，我們就可以猜測「會員可能不理解使用方法」；資深會員的使用率偏低，則建立「可能對服務內容膩了」等諸般假說，思索解決方法。

按方案區分，則是分析為顧客準備的各方案的使用率。訂閱服務往往設有費用不同的多種方案。此外，若是BtoB服務，一般會配合使用人數制定方案。不同方案的使用型態亦不相同。

舉例而言，雲端型的訂閱服務常見的做法，乃依據使用的員工人數，分為小型、標準、專業等方案。各種事業規模的使用者，使用頻率理應有所不同。因此，與其盲目地追求整體使用率，分別剖析各個方案更容易察覺變化的跡象，找到最適當的解決方法。

務必要喚醒休眠會員

按R區分的R意為「最近（Recency）」，是可得知使用者近期是否使用過服務的指標，有助於讓我們將會員分為使用中會員和休眠會員來探討。**休眠會員指的是還沒搞懂使用方法就將服務拋諸腦後，甚至可能忘記已經入會，只是一直在付費的會員。**

由於訂閱服務多為統一費用制，從提供服務方來看，或許有人覺得，有這種不使用服務的休眠會員存在根本是賺到了。

然而這種想法大錯特錯。

休眠會員有很高的退會傾向。因為，他們原本該領取到的商品或服務，不知為何一直沒有領取，只是在白白付錢而已。這種狀態嚴重地損害了顧客體驗。所以，請**幫忙喚醒你們的休眠會員吧**。對於這種會員未使用服務的情況，我認為反而該抱持危機感才是。

用個別通知的方式喚醒休眠會員是比較有效的。在郵件裡重新介紹服務的使用方法，或者送出應用程式的推播訊息，敦促他們來體驗服務。對於休眠會員，寄發優惠券也有不錯的效果。邀請他們再次使用服務是我們的首要目標。

將顧客按使用者區分、按方案區分、按R區分後，提升哪一群會員的使用率會對營業收入的影響最深？僅僅意識到這一點，就足以讓你功力大增，想出更高明的方法來提升服務使用率。

單價的思考觀念

雲端型以及共享型的單價設定

現在來探討訂閱服務的第3項KPI——單價。

各行各業提供的產品或服務單價不一，無法一概而論，但是可以根據訂閱服務的種類，分為2大趨勢。在這裡分為固定費用制較多的雲端型與共享型，以及固定費用制較少的預購／使用型來解說。

在依不同方案分析使用率的一節中，我們也曾提到，雲端型與共享型訂閱服務的單價，往往會設計成小型、標準、專業等多個方案。而這些方案可不是制定好就完事，可以一勞永逸的。**配合使用狀況設計出最合適的方案並善加管理，是可以提升營**

業收入的。

在方案設計上，可以參考健身俱樂部的做法。多數健身俱樂部通常備有多種方案，像是可全天候使用的基本方案、限週末使用或限平日晚上使用的方案等，方便顧客來館健身。

限週末或平日晚上使用的方案，通常會比全天候使用的基本方案設定得便宜一些，讓人不免擔心會拉低營業收入，對吧。然而這其實是降低個別方案價的同時，提升整體營業收入的方法。

顧客退出健身俱樂部的理由，很多是因為「沒辦法天天去」、「感覺繳的費用很浪費」，這絕不對稱不上良好的顧客體驗。此時若能有個可在特定日子使用的便宜方案，就有機會預防這些不滿意的顧客解約。

訂閱服務也是一樣的道理，我們可以分析會員的使用狀況和解約理由，重新衡量產品方案，最大限度提升整體營

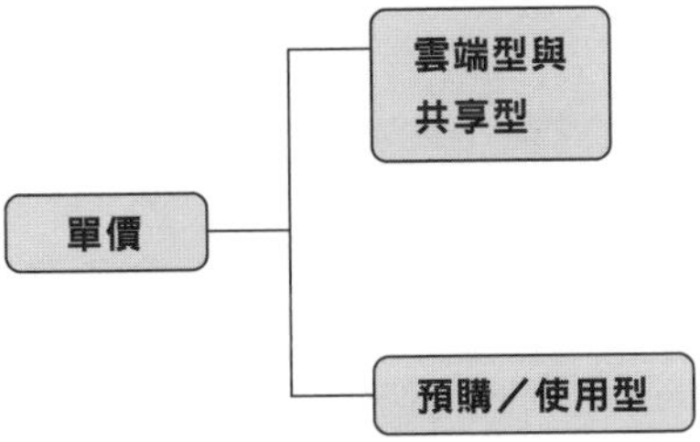

單價的思考觀念

業收入。在推行新方案或調整現行方案價格時，先以優惠價提供一部分顧客試用，以此評估價格設定得是否合理，方為良策。

預購／使用型的單價設定

評估預購／使用型服務的單價時，不應再以方案分類，當從品項本身出發。即便大家的起步商品都一樣，但是經過長期使用後，使用者的生活型態終究會產生變化。捕捉這些變化，反映在更高階產品的開發上，或籌備便捷性更勝以往的產品。

有別於傳統的定期購買方式，這種商品開發機制可說是建立在擁有一定使用人數的基礎上。

不僅僅是預購／使用型，這裡有項堪稱涵蓋了訂閱服務全體的重要概念：**訂閱制的最終目標並非提高單價，而在於盡量延長顧客的使用期間。**

因此，制定價格時可不要只想著提高單價，應將提供良好體驗放在第一位，以延續使用壽命。當你猶豫不決，拿捏不定怎麼定價時，我建議選擇讓顧客更願意持續使用的那一邊。

藉由垂直與交叉行銷提升單價

我們還能想到另一種提高客單價的方法，有別於訂閱服務的分類思考法。這方法叫做垂直行銷與交叉行銷。

垂直行銷，是用增加潛在使用者、或增加產品功能來提升單價的手法。這方法能很單純提升單價。

交叉行銷，是將現有服務與其他服務相掛勾，以此提升單價的一種手法。

我們拿家具訂閱服務為例來想。增加可租借的家具種類，給顧客比以往更加豐富的選擇，由此拉抬客單價，這就是垂直行銷法；提供搬運、拆卸、回收家具等附加服務選項，就可以稱之為交叉行銷。

此外，一些以週為單位計算週期的預購／使用型訂閱服務，也可以搭配其他服務來進行交叉行銷。

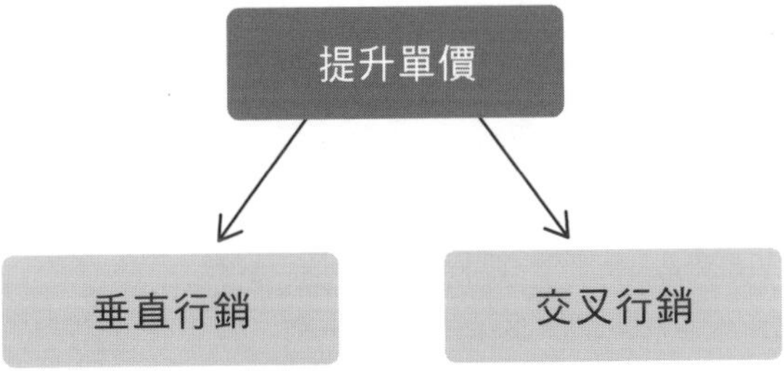

垂直行銷與交叉行銷

舉例而言，假設有一種到府烹調，為顧客製作一週份菜餚的廚師訂閱服務，那就可以設計一項配套的清潔方案。

如此一來，顧客就能在想請人到府清潔時，一併搭配烹飪服務，有了更多選項，也能提升整體服務的使用率。這種交叉行銷不僅可以提升單價，還可以作為提升訂閱服務使用率的方法。

漲價是壞事嗎？

從前，人們認為在商品投入市場後，理應維持價格不變。但是，也許有人會很驚訝，在這裡，我要推翻這種「理所當然」，反過來提議各位漲價。

沒錯，我認為訂閱服務應該要更加順應時勢調整價格。

也許有人覺得，「你說得倒輕鬆，哪能這麼輕易漲價」。確實，照理來說，沒有人會覺得提高產品或服務的價格是一件好事。

但是放在訂閱制，可就不一定如此了。事實上，Netflix和Amazon Prime也曾經漲價過。我並不是說頻繁調整價格為佳，我是認為**訂閱服務的價格有彈性調整空間，並**

不是一件壞事。

基於訂閱制與顧客建立緊密聯繫，輔助顧客取得成功的性質，企業和顧客可以調整到一個雙方都能接受的最合適價格。當然，提升價格的前提是讓顧客實際感受到成功。

我猜測Amazon Prime當初漲價時，並沒有太多人因此而取消訂閱。若我的猜測無誤，那就證明顧客實際感受到了超出他們所支付價格的益處。**最終關鍵還是在於提供的價值。**

此外，不是只有把賣價提高一途，倘若在服務推出後，成功大幅縮減了服務的營運成本，又該當如何呢？也能適度降價對吧？

訂閱服務的生意是在與顧客建立關係。我認為在制定價格上還是要擁有一定的自由度。

降低解約率的方法

最重要的對策是？

目前為止，我們看到了提升訂閱服務的3項KPI——「會員數」、「使用率」、「單價」的諸多方法。我想讀者們應該都發現了，我多半是以不同於廣告促銷的觀點，將重點放在探討「提升顧客持續使用意願」的方法。

那麼，在目前為止介紹的各項策略中，你認為哪一種方法對於訂閱服務來說最重要呢？

會員數是事業運行的基礎，至關重要；使用率是可得知產品使用情形的活躍指標，不可或缺；單價沒制定妥當，更遑論做什麼生意了。

正確答案是**降低會員的解約率**。解約率是3個指標下再細分出的指標。這答案是不是太難了呢？

為什麼說降低解約率是最重要的呢？因為**解約意味著沒有為顧客創造成功**。

在說明解約會員的段落中，我們談到了初期、中層、資深會員有著不同的解約理由。加入服務不久就取消的會員，想必當初曾有過嘗試使用的意願。

那麼他為什麼要解約呢？能夠想到的理由是，**顧客未能體會到該服務想傳達與提供的價值**。若顧客未能感受到良好的體驗，自然不想再用下去。所以才無法成為穩定使用者。

想讓非穩定使用者定期使用，本就有其難度。此時要做的，是觀察初期解約會員的行動和使用數據，對照中層和資深會員的情況，找出初期解約會員究竟未能完整使用哪些功能與服務。下一次再發現有會員未能完整使用這些部分的功能，就想辦法刺激他們使用。

具體來說，在顧客加入訂閱服務後寄送郵件介紹使用方法，或者將使用界面做成新手引導的形式，這些都是可想到的辦法。然後，在服務的初期階段就讓顧客體驗到成功，這很重要。

另一方面，中層以上的顧客若是取消訂閱，應該會有明確的理由。我們可以從定量數據觀察解約率升高前後這段時期的營運狀況如何，再運用定性數據審查服務提供方在這段期間是否出了什麼問題。還有些時候，造成解約的理由並不在於服務本身，而是受外部因素影響。

比方說，由於EC的普及化，宅配物流量

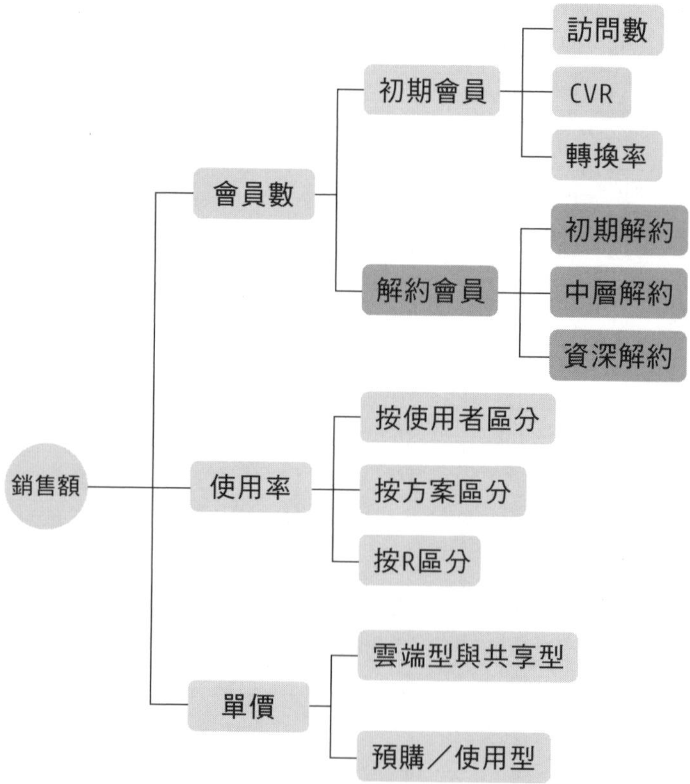

訂閱服務的KPI結構

持續增長，公寓的宅配箱往往不夠用，顧客也就無法順利收取包裹，這也是一個越來越顯而易見的問題。

於是企業就可以與宅配公司合作，增加由顧客指定收件時間的功能，或建立可在便利商店取件的機制等，從這種物流角度出發，也能夠擬出一些留住顧客的對策。

個性化對策防止顧客解約

一般而言，如音樂、影片串流、時尚、食品這類涵蓋內容或產品品項眾多的服務，可加強個性化推薦功能，防患（解約）於未然。

當顧客感覺「商品數量太多無從選擇」、「商品都大同小異」，這種狀態也會令他們感受到壓力，因此我建議多花點巧思為顧客打造更易於操作的環境。

某時尚單品訂閱服務導出過一個結論：若連續寄送3次類似的服裝給顧客，就有更高機率被取消訂閱。儘管他們應該使用了最先進科技分析過會員的喜好，然而除了喜好，會員同時也有種「想嘗試自己平時不會選的衣服」的隱藏心理。

個性化說歸說，有些領域終究不是單靠使用數據能夠理解的。理解顧客真的是一門既有趣又深奧的學問。

降低解約／重新入會的門檻

雖說降低解約率是核心關鍵，然而我並不認為用規範來抑止解約是件好事。我們甚至可以在顧客使用服務的初期，就告知「可在任意月份解約」。相對的，我們要在顧客取消服務時詢問理由，或要求顧客回答問卷，幫助改善服務品質。

此外，企業往往喜歡將他們成功「圈住」的顧客當作死忠會員，但是顧客可沒有半點這種想法。某天某個瞬間，一個臨時起意便退出會員，轉投入競爭對手的懷抱，都算是家常便飯。

我的實際經驗裡，也遇過一位長期使用我們服務的資深會員某天忽然就取消了訂閱。我不知道他究竟對服務有多嚴重的不滿才會這樣，然而訪問他得到的答案卻是「因為搬家」，真是虛驚一場。

就像這樣，顧客有成千上百種取消訂閱的理由，因此為他們準備一個既容易解約也方便暫停的環境，也是很重要的。**應該創造一個方便解約，也方便重新入會的狀**

態。實際上，在那位資深會員因為搬家而取消訂閱後，我們也在服務中加入了可暫停訂閱的期間。

同時不可忽視的是，解約很多時候都為我們提供了十分重要的改善方向。

為了不讓顧客取消訂閱，故意將服務取消頁面做得複雜，或制定嚴苛的解約條件是最糟的模式。比起這種危機戰略，還是經營一個能讓顧客想要回頭使用的品牌更加重要。

客戶服務的作用往往容易被忽視

客戶服務乃是盈利中心

在降低解約率這件事上，有個部分必不可忘記。就是客戶服務。

傳統客戶服務的重心擺在顧客消費之後的售後服務，一般並不認為客服會與營業收入息息相關，甚至有被歸類為成本中心（Cost Center）的風向。

然而在訂閱服務中，**客戶服務將成為產出利益的「利潤中心」**。顧客或會員前來諮詢，倘若客服部的對應詳盡周到，顧客對服務滿意、且願意持續使用的可能性，是不是就會大大提升呢。

換句話說，客戶服務與預防顧客解約是緊緊綁在一起的。此外，當連續接收到相同投訴時，客服部若能迅速無遺漏地將意見告知團隊，即可明確掌握應最優先考慮的改進點。

訂閱服務裡與顧客的溝通——假使在線上也能與顧客誠懇有禮地溝通，對LTV增長的影響非同小可。

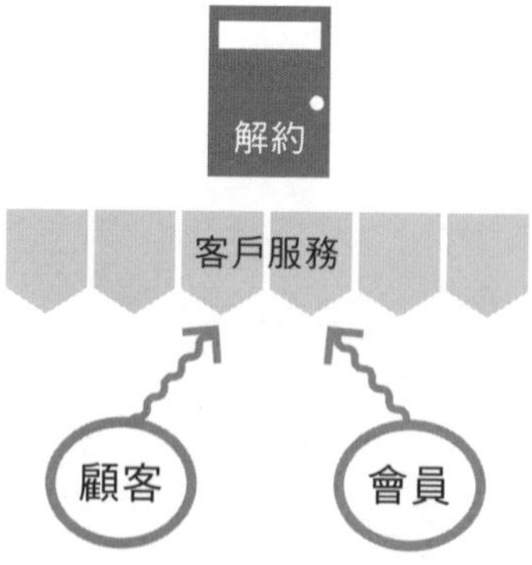

客戶服務扮演的角色

第1章中介紹過的訂閱汽車服務NOREL，也在線上開設了人工諮詢窗口。NOREL從解約會員的意見中，明白顧客「雖然喜歡這項服務，卻沒有非用NOREL不可的理由」。

於是，他們欲藉由客服製造與會員的接觸點，創設了「NOREL服務台」。透過這個窗口，客服部不僅能夠直接聆聽會員的心聲，還能提議顧客下次可嘗試的車款，據說這讓LTV也有了起色。

導入自主解決機制與聊天機器人

然而，增加人工客服需要一定的成本和場地。因此，我推薦先**導入讓顧客自己解決問題的自主解決機制**，作為防範解約的方法。也就是在網站頁面和應用程式裡，登載常見問題與解答。

你是否有過這種經驗呢？發郵件諮詢卻遲遲等不到回信，或者連在工作日白天打電話諮詢，也一直顯示忙線，打都打不進去。想要立刻解決問題，卻感覺白白被浪費了時間，實在令人煩躁。

就算服務方設置了郵件諮詢窗口或電話服務台，一旦讓顧客嘗到這種糟糕的體驗，反而更讓他們萌生解約念頭。

將智慧型手機用得淋漓盡致的顧客在遇到困難時，更習慣先自行上網搜尋解決方法。

預先整合一些可以迅速解決的諮詢內容，建立自主解決的機制，對於顧客和企業來說都有極大的益處，請務必導入這種機制。

另外，我也推薦使用比傳統諮詢方式的對應要來得更快速一些的聊天工具。有的聊天工具提供彈性客服窗口服務，讓企業方9點至18點以人工客服對應，超出工作時間的部分由聊天機器人（bot）來對應。

聊天機器人無法解決的問題也能保留下來，等到第二天由人工客服個別處理。

某些以解約招攬顧客的特殊案例

本章最後，我來講一個關於解約的有趣事例吧。

最近以年輕族群為中心，一種透過雲端型訂閱制的約會服務來結識對象的現象正逐漸普及化。

在日本、韓國、台灣擁有累積超過1000萬名會員的服務提供方Pairs的最終目標，就是讓顧客解約。

以解約為目標？很不可思議對吧。

但是，Pairs訴求的顧客成功，就是找到與自己完美契合的另一半。換言之，會員解約也就意味著找到了情投意合的戀人。

Pairs將找到戀人而解約稱為「畢會（從會員畢業）」。然後針對這些畢會的前會員們成立社群，開辦交流會，請他們參加宣傳活動等。

人們看到這些活動，勢必會感覺「Pairs真不錯」，由此考慮是否要入會。解約雖然會使得會員數減少，但是廣為流傳的顧客成功足夠涵蓋人數減少的損失，**形成老顧客帶來新顧客的良性循環**。

顧客解約意味著成功，真是一個非常獨特的模式。

總結

本章節裡，我們將訂閱服務ＫＰＩ中的「會員數」與「使用率」，以「樹林」為單位做了分析，介紹了具體策略的施行方法。

其中最重要的就是降低解約率。不光要依靠行銷策略，也得藉由客戶服務與顧客良性溝通、導入誘使顧客自主解決的機制等諸般方法來預防解約。

現在你已經懂得創立訂閱服務事業的理論，也明白ＫＰＩ與行銷策略了。接下來，只要資金方面管控得當，就能讓訂閱服務事業啟動了。

因此在下一章，我們終於要來談談訂閱服務的事業計畫。

第 5 章

建立訂閱服務事業計畫

具有前瞻性的訂閱服務事業計畫

談到訂閱制事業計畫，你可能會覺得這個詞似乎在哪裡出現過……。沒錯。我們曾在第3章講解的PTCPP第4步驟「確立事業計畫」中簡單提到。

就是緊接在發現痛點、於試用階段讓產品或服務方案更上一層樓、形成核心價值之後的步驟。

為什麼我不在第3章詳細講解，而要放在第5章才說呢？因為不先理解第4章說明的訂閱服務KPI，就無法制定完善的事業計畫。

此外，在各位讀者心裡，對訂閱服務事業或許已經有了一個籠統的概念，不過，相信還有許多人處於迷惑中，擔心「到底能不能作為一個成功的事業？」、「應該在哪個時機追加投資？」

本章中也會談談訂閱服務事業成長階段的指標，以及投資廣告的時機。請各位配合自己的事業階段來參考。

傳統PL損益表無法顯示訂閱服務的營業收益

首先，我們來了解一下應該如何制定訂閱服務的事業計畫。

事不宜遲，我很想直接開始說明損益表（PL：Profit and Loss Statement）的寫法，但**訂閱服務的事業計畫書不同於傳統PL表，需要計算未來收益**；而PL表是用來計算過去的結果。

一般的PL表會記載**「營業收入」、「費用」、「收益」**等內容。

從事業的收入扣除費用，剩餘的即是收益。PL表可以一目了然地看到每一項已記帳項目，是十分出色的財務報表。但其所記載的都是已有結果的數字。

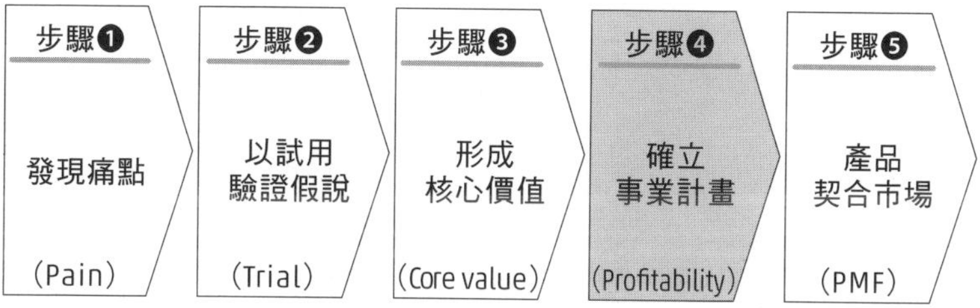

事業計畫的起步方式

ＰＬ表只能顯示過去某段期間的數字，無法看出訂閱服務未來可預期的收入。

舉例而言，假設時尚潮流界有件標價１萬日圓的大衣，每月可以賣出１０００件。此時每月的營業收入是１０００萬日圓。若銷售成本和營業費用等成本為７００萬日圓，就可用１０００萬日圓－７００萬日圓，得出３００萬日圓的收益。ＰＬ表顯示為盈餘。

那麼當這件大衣放到了訂閱服務，會是什麼情況呢？假設有３００名會員加入了每月１萬日圓的月費方案。這樣首月的營業收入就是３００萬日圓。將成本算作同樣為７００萬日圓，此時收益為３００萬日圓－７００萬日圓，為負４００萬日圓，ＰＬ表顯示為虧損。

只不過這是訂閱服務，今後儘管會有部分會員取消訂閱，還是可以期待第二個月以後的長期收益。為了方便大家想像，先以會員數不變來設想，這樣三個月的營業收入就是９００萬日圓，到第四個月時，累計收益已達１２００萬日圓。

就像這樣，訂閱服務的事業計畫**必須一併列出未來的營業收入**。

說得更簡單些，ＰＬ表是用來審視目前的盈虧。倘若用傳統ＰＬ表列出訂閱服務的營業數字，帳面上看起來就像沒賺到錢。

然而實際上，訂閱服務即使在次月之後依然保有客戶群體，即使不再投放廣告，顧客也會持續使用，保障了未來的收益。

建立訂閱服務事業計畫的方法

用Excel表建立訂閱服務事業計畫

接下來就讓我們一起實際試試制定訂閱服務的事業計畫吧。這裡我想用一個架空的訂閱制時尚單品租借服務為例，方便各位理解如何制定事業計畫。後文中所展示的Excel表格可從本書最後所附的QRCODE連結下載，請大家務必下載來運用看看。

在這個事例中，將透過簡單的訂閱制形態來說明事業計畫的基礎。在真實情況中，當顧客使用服務的情形越穩定，會員單價升高、使用率提升、解約率降低的趨勢也越明顯，現在則先假設這些數據都是固定不變。

此外，在真實情況中，事業也會受季節變化、廣告效果的影響，這些因素也先暫且排除。

那就來看看於1月展開事業、一直經營到10月的事業計畫表吧。文節中所提到的數字在表格上以灰色背景顯示。

公司在1月份時，投入500萬日圓廣告費用，獲得了1000名顧客（試用階段1個月）。轉換率為30％，所以有300名顧客成為了初期會員。

此時的營業收入為會員總數300名×顧客單價8000日圓×使用率80％＝192萬日圓。

而成本有產品成本（以收入的30％計）、廣告費用和其餘促銷費用（以收入的20％計）、運送費用（以收入的5％計）、結算手續費（以收入的5％計），總計為

時尚單品的訂閱服務

月費　8000日圓　　解約率　每月5%

使用率　80%（平均每5個月停購一次）

CPA（1個月試用期的客戶開發成本）　5000日圓

1個月獲得的顧客數　1000名　　轉換率　30%

●成本

廣告費用　500萬日圓　　產品成本　（收入的30%）　　運送費用　（收入的5%）

結算手續費　（收入的5%）　　其餘促銷費用　（系統使用費等總計。收入的20%）

訂閱制時尚單品租借服務事例

615萬2千日圓。也就是說，可以得出公司**首月大約會虧損423萬日圓**。

會員數攀升，轉虧為盈之前

那麼，假如2月也投入一樣的廣告費用，獲得1000名顧客（試用期1個月），其中有300名顧客成為初期會員，將會如何呢？

獲得的初期會員人數與上月同量，而就算上個月有5%會員解約，還有95%的會員持續使用，此時的會員總數為續用會員300名×95%＋初期會員300名＝585名。

假如3月也是相同情況，會員總數就是續用會員585名×95%＋初期會員300名＝856名。

會員數量會像這樣逐漸累積，原本在事業計畫中，1月份有423萬日圓的虧損，但就算每月加入的新會員數持平，2月份的虧損額縮小至350萬日圓、3月則縮小為至281萬日圓，**到了8月時，單月就有約17萬日圓的盈餘**。

就像這樣，公司在1月份時投入500萬日圓的廣告費用，收入卻只有192萬日圓，從PL表看起來是處於虧損狀態；可若持續增加續用會員，8個月後即可轉虧為盈。

此處的關鍵在於營業收入相關的服務單價、解約率、使用率、轉換率等變動數值，以及計算在費用裡的產品成本、其餘促銷費用、運送費用、結算手續費、促銷費用，再加上從廣告費用計算出的顧客開發成本（CPA）、會員開發成本（CPO）等變動數值。

如何試算這些變數？推

5月	6月	7月	8月	9月	10月
¥5,000	¥5,000	¥5,000	¥5,000	¥5,000	¥5,000
1,000	1,000	1,000	1,000	1,000	1,000
30%	30%	30%	30%	30%	30%
300	300	300	300	300	300
1,357	1,589	1,810	2,019	2,219	2,408
¥8,000	¥8,000	¥8,000	¥8,000	¥8,000	¥8,000
80%	80%	80%	80%	80%	80%
¥8,686,812	¥10,172,471	¥11,583,848	¥12,924,655	¥14,198,423	¥15,408,502
5%	5%	5%	5%	5%	5%
68	79	90	101	111	120
¥2,606,044	¥3,051,741	¥3,475,154	¥3,877,397	¥4,259,527	¥4,622,550
¥5,000,000	¥5,000,000	¥5,000,000	¥5,000,000	¥5,000,000	¥5,000,000
¥1,737,362	¥2,034,494	¥2,316,770	¥2,584,931	¥2,839,685	¥3,081,700
¥434,341	¥508,624	¥579,192	¥646,233	¥709,921	¥770,425
¥434,341	¥508,624	¥579,192	¥646,233	¥709,921	¥770,425
¥10,212,087	¥11,103,483	¥11,950,309	¥12,754,793	¥13,519,054	¥14,245,101
-¥1,525,275	-¥931,011	-¥366,461	¥169,862	¥679,369	¥1,163,401

展事業時應將何項放在首位？

理解這些將是十分重要重要的一環。

此外，如同我方才所說明的，在實際情況中，服務使用率和解約率會隨著會員的長期持續使用產生變化。

事業計畫應該制定得詳盡精密，根據服務使用期間區分為「初期」、「中層」、「資深」會員來計算。

假如是每月使用型的訂閱服務，不妨將成為會員6個月以內的會員定義為初期，6個月至1年以內的會員為中

	1月	2月	3月	4月
CPA	¥5,000	¥5,000	¥5,000	¥5,000
顧客人數	1,000	1,000	1,000	1,000
轉換率	30%	30%	30%	30%
初期會員數	300	300	300	300
會員總數	300	585	856	1,113
顧客單價	¥8,000	¥8,000	¥8,000	¥8,000
使用率	80%	80%	80%	80%
總收入	¥1,920,000	¥3,744,000	¥5,476,800	¥7,122,960
解約率	5%	5%	5%	5%
解約人數	15	29	43	56
產品成本	¥576,000	¥1,123,200	¥1,643,040	¥2,136,888
廣告費	¥5,000,000	¥5,000,000	¥5,000,000	¥5,000,000
其餘促銷費	¥384,000	¥748,800	¥1,095,360	¥1,424,592
運送費	¥96,000	¥187,200	¥273,840	¥356,148
結算手續費	¥96,000	¥187,200	¥273,840	¥356,148
總成本	¥6,152,000	¥7,246,400	¥8,286,080	¥9,273,776
收益	-¥4,232,000	-¥3,502,400	-¥2,809,280	-¥2,150,816

訂閱服務事業計畫範例

層，使用超過1年的會員則是資深會員，以此切入。

若是雲端型訂閱服務，有鑑於其高使用率，可以將3個月以內的會員定義為初期會員。

以上是制定事業計畫的基本思維。請參考上述概念，試著套用在各位的事業體上。

我在此將普通銷售方式的收益與訂閱服務的收益試著製成了一張模式圖。就算看到普通銷售方式的利潤有一時的攀升，有時卻會迅速跌至谷底，起伏跌宕得十分劇烈。

相對的，訂閱服務**從起步到盈利為止，會有一段持續虧損期**。這段時期也是改善服務，實現顧客成功的時期。

一旦苦盡甘來、轉虧為盈，就會呈現穩定的增長。

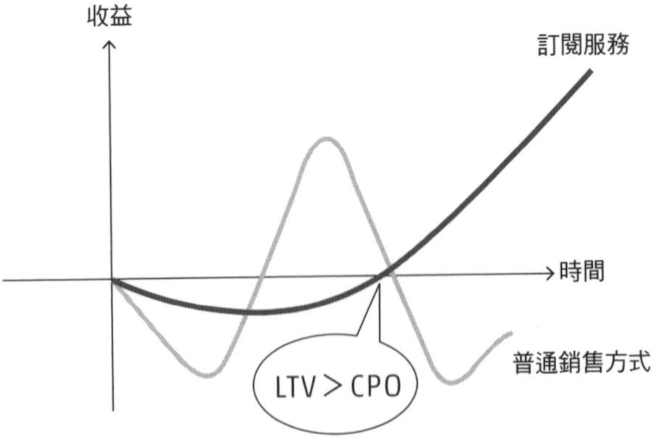

普通銷售方式和訂閱服務的收益比較

想請大家關注的是訂閱服務的收益曲線突破Y軸（收益）零點的瞬間。這就是**LTV超過CPO的時間點**。我的觀點是，此時才算是準備就緒，可以開始投資廣告來積極獲取新會員。

接下來將針對刊登廣告拓展事業規模，做更詳盡一步的說明。

如何計算廣告費

由LTV計算出獲取新顧客的廣告費

經常有人找我做訂閱服務的相關諮詢，其中很多人會問我，用投放廣告方式獲取新顧客時，CPO應該設定在多少？

在以賣出商品為目的的行銷當中，每間企業都會自行憑感覺設定一個固定百分比，將營業收入的幾成拿來做為廣告費。

所以當碰到LTV持續增長的訂閱服務行銷時，就會不知怎麼單純用營業收入的百分之幾來計算廣告費。

首先，「將營業收入的百分之幾固定為廣告費用」的做法並不正確。為數不少的企業都有這種習慣，開發出商品後，就憑感覺訂出一個廣告費用，像是「銷售目標是20億日圓，那廣告費用就是10%，2億日圓」。

事實上，無論訂閱制與否，最好先考慮清楚廣告投資最晚能在什麼時候能回收完畢，再由此設定廣告費用。

訂閱服務的廣告費要參考的數值不是CPO，而是LTV。服務剛上市之初，為了獲得一定程度的初期顧客，自然是要打廣告的。

只不過，**積極投資廣告以獲取新顧客的最好時機，應該是在LTV增長、CPO回收可期的時候**。並且考量到投資的廣告費用要花幾個月才能打平，由此算出CPO。

不同公司對LTV的定義不盡相同。比如郵購業務，可能有為數不少的企業將年度銷售額（營業收入）設定為LTV，但這其實是錯誤想法。

因為營業收入中不僅要扣除推廣費用，還有產品成本以及促銷打折等因素，所以還是不要用營業收入來看LTV比較好。

那應該如何計算LTV才好呢？

試算LTV

我們繼續用方才的事例來說明LTV的計算方式。這裡假設一個情況：公司僅在1月份投放了廣告，增加了300名會員，除此之外，從次月起會員數便沒有任何增長。

這張表格最下方一列記載了累積收益。這是每月收益加總後的數字。請看看1月份之後的變動，可以發現在8月時，累積收益已達到約14萬日圓。

換言之，1月份時的廣告

5月	6月	7月	8月	9月	10月
—	—	—	—	—	—
—	—	—	—	—	—
—	—	—	—	—	—
0	0	0	0	0	0
243	230	218	207	196	186
¥8,000	¥8,000	¥8,000	¥8,000	¥8,000	¥8,000
80%	80%	80%	80%	80%	80%
¥1,555,200	¥1,472,000	¥1,395,200	¥1,324,800	¥1,254,400	¥1,190,400
5%	5%	5%	5%	5%	5%
13	12	11	11	10	10
¥466,560	¥441,600	¥418,560	¥397,440	¥376,320	¥357,120
¥0	¥0	¥0	¥0	¥0	¥0
¥311,040	¥294,400	¥279,040	¥264,960	¥250,880	¥238,080
¥77,760	¥73,600	¥69,760	¥66,240	¥62,720	¥59,520
¥77,760	¥73,600	¥69,760	¥66,240	¥62,720	¥59,520
¥933,120	¥883,200	¥837,120	¥794,880	¥752,640	¥714,240
¥622,080	¥588,800	¥558,080	¥529,920	¥501,760	¥476,160
-¥1,533,760	-¥944,960	-¥386,880	¥143,040	¥644,800	¥1,120,960

刊登費用（CPA＝500萬日圓÷1000名＝5000日圓。CPO＝5000萬日圓÷300名＝1666日圓）到第8個月就已經攤平，從第9個月起所有數字都會堆累成收益。

那麼，我們來試試不預設CPA＝5000日圓（CPO＝1666日圓），改由整體事業角度來評估最大投資額度。如方才所說明的，**在LTV超過CPO的狀態下，只要現金流不斷絕，事業就能產生收益**。

這300名會員的LTV是多少呢？假定解約率為5%，

	1月	2月	3月	4月
CPA	¥5,000	—	—	—
顧客人數	1,000	—	—	—
轉換率	30%	—	—	—
初期會員數	300	0	0	0
會員總數	300	285	270	256
顧客單價	¥8,000	¥8,000	¥8,000	¥8,000
使用率	80%	80%	80%	80%
總收入	¥1,920,000	¥1,824,000	¥1,728,000	¥1,638,400
解約率	5%	5%	5%	5%
解約人數	15	15	14	13
產品成本	¥576,000	¥547,200	¥518,400	¥491,520
廣告費用	¥5,000,000	¥0	¥0	¥0
其餘促銷費用	¥384,000	¥364,800	¥345,600	¥327,680
運輸費用	¥96,000	¥91,200	¥86,400	¥81,920
結算手續費	¥96,000	¥91,200	¥86,400	¥81,920
總成本	¥6,152,000	¥1,094,400	¥1,036,800	¥983,040
收益	-¥4,232,000	¥729,600	¥691,200	¥655,360
累積收益	-¥4,232,000	-¥3,502,400	-¥2,811,200	-¥2,155,840

LTV試算範例

300名會員數降到零時時，會是在66個月、即5年半之後。計算解約數時，小數點以下無條件進位。

從300名會員降到零會員的這段期間所帶來的收益總計約875萬日圓，以新獲得的1000名顧客反除回去，可得1名顧客帶來約8萬7千日圓的收益；以300名會員數來反除，得出大約2萬9千日圓。

也就是說，每名會員的LTV大約為2萬9千日圓，那麼，獲取1名新會員可編列的CPO上限為2萬9千日圓（不過這樣就收益為零了）。

提升LTV就等於降低解約率

方才舉的例子將解約率假定為5%，若為已上市經營中的訂閱服務，就參考過去的實際數字。相信大家在實踐本書第4章為止所介紹的行銷策略的過程中，都能清楚認識到自家事業的真實解約率。初期先假設一個解約率，之後再替換為實際的解約率，逐漸提升事業計畫的精確度。

如果是第一次跨入訂閱服務領域，可以去調查同行的解約率，當作暫定的數字。還能進一步地從解約率概算出LTV和CPO約略落在多少。

首先是追蹤每週、每月的解約率。相信你就會發現，入會初期的解約率較高，之後隨著入會期間越長，解約率會逐漸降低。

解約率不單隨著顧客的續用期間而變化，也會受到會員因何種策略入會，以及之後的顧客體驗等因素影響。因此，解約率不能從整體來看，而是從吸客策略以及會員續用期間等方面來分類觀察。一旦解約率降低，自然能更快回收投資於廣告宣傳的費用。

假設先前以CPO1萬日圓獲得新顧客，經過12個月後才回收了廣告費用，後來解約率下降，縮短至6個月就能回本，我們就可以說，可用來投放廣告的CPO費用可以提高到2倍。

像這樣**理解了LTV與CPO的設定方法後，相信大家就能明白降低解約率在行銷策略中有多麼舉足輕重**。

比方說，預期6個月就能回收利益已算是十分理想，有些行業甚至可能花上幾年才能出現盈餘。如果公司底子夠雄厚，且產品或服務本身相當長壽，自然是花上數年也無妨。但是在多數情況下，都會盡力縮短投資回收期。

回收期越長，可用於獲得新顧客的廣告費用就越少。所以必須先降低解約率以提升顧客LTV，否則此事業投資便無法成立。

解約率高，表示該服務沒有被持續使用。當1星期有1%的會員解約而你只是袖手旁觀，1年就有41%會員解約（續用會員為99%×52≒約59%）。

在這種狀態下，即便再招攬新會員加入，這些人也無法穩定續用。這就像轉開水龍頭拚命地向水桶灌水，卻全然不知桶底漏了一個洞。

請記住，**訂閱服務要提升LTV，就得降低解約率**。

總結

本章所要闡述的是訂閱服務事業計畫的制定方法。此內容也與訂閱服務創業PTCPP的「步驟4：確立事業計畫」有莫大的關聯。

訂閱制事業的起步初期處於虧損狀態。藉由不斷改良服務、提升LTV，可以逐漸看出CPO還本的時期，轉虧為盈。若想更快速產生盈餘，就得降低解約率，縮短回收期。

看到這裡我想大家已經可以明白，為何降低解約率的策略在訂閱服務當中會那麼重要。

那麼，確立好事業計畫，再來就剩下著手實施了。很顯然地，訂閱服務不可能靠一個人的努力來實現。顧客的成功，離不開團隊的助陣。

下一章，我要來談談適合訂閱服務，以顧客為中心的組織。

第 6 章

建立顧客為主的組織

傳統組織型態與訂閱事業組織型態的差異

傳統組織型態是否難以推行訂閱制？

終於說到了訂閱服務最精彩的部分。在這一章，我將來談談如何創建一個突破銷售困境所必備，帶動訂閱體制成長的組織。

如同我在前面內容中所提及，訂閱行銷不是僅靠行銷團隊就能應付得來。為了提升LTV，需要與顧客細心地交流，同時持續改善產品／服務，陪伴顧客取得成功。如此一來，勢必會與產品開發、業務、客服等其他部門產生更多聯繫。

傳統組織型態是以大量生產、大量消費為前提的由上而下模式（top-down model）。各企業的做法儘管有細微差別，但都是由經營層決定預算和銷售目標，隨之產生的業務再傳遞至下層組織。

經過負責調查研究和開發的商品開發部門、負責廣告宣傳的行銷部門、制定販賣策略與擔任溝通角色的業務部門；顧客夾在中間；銷售後則有客戶服務部門擔任顧客窗口，應是這樣的職責分屬。

這種組織架構著重並放大了「賣東西」的功能。但是，由於每個部門各有其獨自的目標，在這種組織結構中，**無法擁有共同目標的部門之間，本就難以合作**。

此外，假使上市後明白了ＬＴＶ的問題癥結和顧客流失的原因，要求改善產品或服務，這種傳統型組織型態也容易顯露出「都已經推出了，無法再改」的態度。

傳統組織架構

站在顧客的角度，無法進步的服務，自然是不想再用下去。過了三個月還不改善，任由問題存在的服務，誰會再繼續使用呢？

換言之，**傳統式垂直組織結構難以實施訂閱服務的成長策略**。

訂閱事業的組織型態為圓形

訂閱制的組織型態是以顧客為中心所鋪展而成的圓形組織結構。各位不妨想像一名顧客站在中央，四周圍繞著服務升級、商品開發、行銷、業務、客服等各部門的景象。這種模式稱為「以客為本（Costumer Centric）」。

此外，發展訂閱事業的組織所要求的職業技能也與傳統有別。

就如我在第4章中所述，客服部門是在最前線挽回解約顧客的利潤中心。這使得該部門所要求的客戶溝通技能也與過去相左。

在誠懇傾聽顧客意見這方面，他們與傳統客服部的工作並無二致，只是訂閱服務的客服不僅僅是單純解決顧客當下的問題，更需要挖掘顧客自己都尚未察覺的問題。探詢顧客的隱藏心理，思考顧客在尋求的成功是什麼。

有些時候，其他公司的服務也許能讓顧客更高興。遇到這種情況時，不妨坦率地幫忙介紹，並告知自家公司服務隨時歡迎他再次加入。

同時，工作內容和行銷人員一樣有大幅改變的，還有銷售員。過去銷售員只要把商品賣出去，工作就結束了；但**訂閱服務的銷售員真正的工作是在賣掉商品之後**。

尤其是BtoB的雲端型訂閱服務，銷售員除了於顧客導入服務後提供使用上的協助建議，還要調查服務的好用性、加以改善，以及對其他部門的安排、提出周邊服務的建議方案，有時還要重新安排工作流程。他

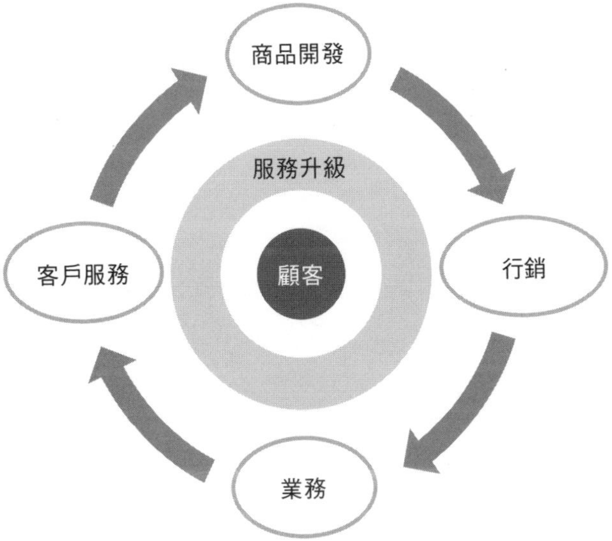

訂閱制的組織型態

們會是稱職的陪跑員，陪伴顧客一路奔向成功。這些工作便是**名為顧客成功的境界**。

行銷與業務部門還有一個共同的目標，就是提升顧客LTV。從獲得顧客到使其成為穩定使用者的過程由行銷部門負責，之後與顧客建立關係，則是作為客戶服務的一環，由業務部門擔任為佳。

串聯各部門專家的服務發展團隊

訂閱事業的組織型態所要求的「以客為本」結構中，必須要有一個串聯各部門（包括現場與經營層）的角色。這是因為在舊有的組織結構中並沒有一個可以與所有部門互相配合、思考靈活、動作敏捷，而且積極協助顧客取得成功的團隊。

這個讓組織順暢運作的關鍵團隊，就是在第3章中也曾談及的服務發展團隊。

服務發展團隊橫向串聯起各部門的專業人士，既開發產品與服務，也負責改良，也吸收客服部的意見。然後，他們引領著服務的整體方向，帶動成長，以求為顧客的成功持續貢獻。

服務發展團隊有2大作用，即**「以顧客為中心，橫向串聯各部門」**、**「帶動服務成長，催生新事業」**。

讓我們一個一個來看吧。

以顧客為中心，橫向串聯各部門

訂閱服務所面對的問題，多半與所有部門脫不了關聯。

假如一項服務的解約率忽然節節上升。究其原因，發現原來是由於運送商品的箱子總是有缺陷。此時的相關部門就有客服部、出貨部、與外部合作夥伴的窗口，有時也包括了商品開發部。

當問題牽扯到如此多部門，要由其中哪個部門來主導解決、迅速對應這件事，勢必也是個難題。

此外，當行銷上遇到難題時，傳統組織型態是由行銷部門人員負責解決問題。如此一來，事情將聚焦在解決問題上，卻無法做到輔助服務整體優化與發展方向的地步。

這種時候，服務發展團隊會**從各部門指名最合適的人員**加入團隊。服務發展團隊會放眼整體服務，制定服務最佳化策略，為接下來的改善鋪路。

好比在商品需要提高品質時，不僅是商品開發人員，數據科學家也要加入服務發展團隊。

擅長開發商品的人、擅長調查研究的人、擅長分析數據的人、擅長做事業計畫的人……因應當下面對的問題，尋找並自由徵用最合適的成員，用這種方式來處理整體服務面臨到的所有問題。問題迎刃而解後即可解散，讓人員循環流動，組建新的團隊。

順帶一提，服務發展團隊並不承擔銷售業績。不過相對的，他們會因應不同的問題而有獨自的KPI，與其他團隊合

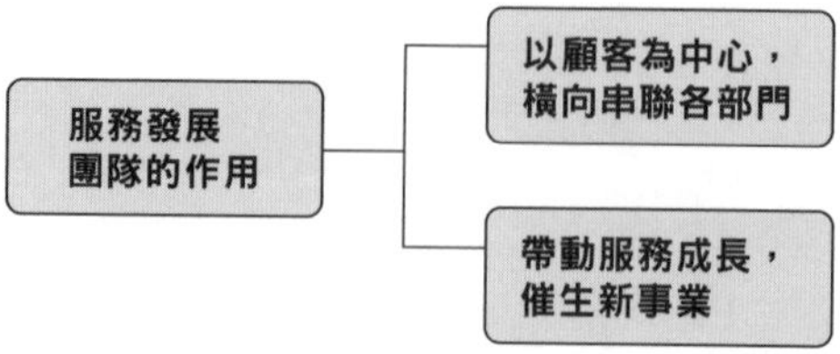

服務發展團隊的作用
以顧客為中心，橫向串聯各部門
帶動服務成長，催生新事業

服務發展團隊是訂閱事業組織型態的關鍵

作並進。

帶動服務成長，催生新事業

如何？對於這個剛開始可能還令你一頭霧水的服務發展團隊，是否逐漸產生一些興趣了呢？

服務發展團隊還有更進一步的作用，就是**發掘並灌溉訂閱事業成長的嫩芽**。

舉例而言，假設有一個新商品B幾乎賣不出去，卻擁有一部分狂熱粉絲。正常來想，應該是盡早停止生產這個新商品B，對吧？

然而，服務發展團隊此時感受到了粉絲超乎尋常的熱情，認為「說不定會大賣」，於是他們站了出來。隨後與商品開發團隊合作，著手改良新商品B。

以第3章中講到的訂閱服務創業5步驟的PTCPP來說，此處便是呼應步驟1至步驟3。

這時會用到PDCA作為改善手段。PDCA是一種適合用來改善當前問題的方法。相對的，停留在短期觀點是其擺脫不了的缺點，較難顧及全局。

讓訂閱服務成長的理想PDCA，是在擴大顧客成功的同時，同步提高相關部門的水準。

要做到高瞻遠矚，洞察先機，就必須有人負責推展業務改進的PDCA。服務發展團隊也同樣擔任著這個角色。

如果沒有服務發展團隊會怎麼樣呢？相信服務還是會得到改善，只是企業或許就無法邁出下一步走向更大的發展，只是持續運轉著一成不變的事業。

Amazon Prime Video在發展初期所準備的內容，也與同行業其他公司相去不遠。後來他們建立了能分析數據並推薦客戶合適影片的機制、製作原創影片等，專注做出與其他服務的差異。

而帶動這些服務擴大的幕後功臣，想必就是一支服務發展團隊，扮演著推動服務升級的角色。

服務發展團隊找到下一個新商機的嫩芽，聯合其他部門一同灌溉這株幼苗。**即使路途艱困，也不會隨隨便便放棄，是一項講求毅力的工作。**

另外，在開發新事業時，許多企業傾向於另創一個新事業開發小組這類獨立的新部門。

這些新生意的起點往往不同於公司的主要經營業務，會由經營層傳令至下層要求組建團隊、進行市場調查尋找新商機、提出計畫方案等。

訂閱制事業很棒的一點，在於可以運用現有的事業資產，或是將現有問題點與改良過程做為事業發展的跳板，找到新事業的嫩芽。

服務發展團隊找到這株嫩芽後就會展開行動，與所有部門合作來培養這塊新領域事業，因此十分容易與現有業務接軌，人人抱持著責任意識來參與這項新事業的發展。

由此可見，服務發展團隊是帶動訂閱事業成長不可或缺的存在。

當然了，並不是改變組織結構就能讓訂閱服務立刻發展得很好。

但是**只要一天不改變組織型態，訂閱制就無法推行**。

最好組織內的所有人都是行銷人

將顧客擺在中心點的訂閱事業組織型態中必須像這樣，人人都得意識到產品或服務須由眾人共同創造，而非各司其職，僅完成分配到自己身上的分內工作。

如此便需要所有團隊都擁有行銷的觀點與思維。**最理想的情況是，參與訂閱服務的所有人員都是行銷人員。**

為此，每個人都必須懂得數位行銷的基本知識。就如同經營全球業務時的共通語言是英語，以顧客為本的組織裡，勢必所有人都應該懂得數位行銷。

組織與品牌經營的幸福關係

何謂訂閱服務的品牌？

即便建立好訂閱事業的組織型態，也讓組織內所有人員擁有了行銷人的思維，可實際上，還缺少了最後的點睛之筆。缺少的這一筆，就是「品牌」。

訂閱制讓顧客「使用」而不是「購買」產品或服務，我對其下的定位是：**顧客**

成功就是品牌的價值所在。

顧客在持續使用的過程中愛上這些產品或服務，再難以回到沒有它們的生活。我在自己最喜歡的Spotify中有過邂逅新音樂與懷念歌曲的體驗後，再看到其他家主打「數百萬首歌曲任聽」的服務，也不會輕易地移情別戀。

對我所服務的Oisix感覺到品牌價值的人們，除了認同每樣商品本身的價值以外，還有許多顧客表示「使用Oisix讓生活不一樣了」，我想他們應該是從包括網站的設計與操作性、產品本身、客戶服務等各方面感受到了價值。

換言之，**訂閱服務的品牌經營不應由企業對顧客單向傳達，應存在於顧客與企業之間的所有聯繫，包括對產品和服務的體驗，以及與企業員工的互動裡**。

為此，首先參與事業的所有相關人員都必須了解自家公司所提供的價值，懂得採取打造顧客成功的行動。

打造內在品牌的重要性

一般提到品牌經營，指的是企業針對顧客經營的外部品牌形象。另一方面，企業促進員工認識自家品牌價值則稱為內在品牌經營。訂閱服務在創建品牌時，這種**內在品牌經營非常重要**。

Oisix在2016年時，自成立以來首次更新了品牌標誌。標誌的主題是「蔬菜之家」，代表了用蔬菜營造餐桌歡樂時光的願景。

當品牌標誌變更時，大公司經常會用電視或報章廣告做些外部品牌宣傳，告知大眾「我們不一樣了」。Oisix並沒有積極地對外宣傳什麼，而是在公司內部反躬自省，重新思考「什麼是Oisix風格」，並反覆舉辦研討會讓員工們深透理解。

類似的活動一直延續至今，我們會邀請產品的實際使用者來公司一起聊聊，或是到蔬菜生產者的農場進行一日農場體驗等等。

我認為品牌不是由上層下達指令，而是**由每一個員工共同創造**。

總結

在這一章裡，我們講述了促進訂閱服務發展的組織結構。我就挑明了說，無法靈活應變的組織是無法順利推展訂閱制的。需要一個以顧客為中心，所有部門間通暢無阻的組織來推動訂閱事業運行。

在這樣以客為本的組織中，各部門都有共同的目標——提升LTV。業務部的工作也不再止步於賣出商品，而是轉為協助入會的顧客導向成功。

客戶服務部門也是一樣，被要求站在最前線聽取可幫助服務改進的顧客意見，最終降低解約率。這就要所有與訂閱服務業務相關的員工都需要具備行銷角度的觀點與知識。

此外，也請組織一個服務發展團隊，擔起擴大訂閱服務事業的職責。服務發展團隊要跨越部門的隔閡，點名有能力處理問題的適任成員加入。

我也更進一步地，把內部品牌經營之於訂閱服務的重要性告訴了各位。
那麼接下來，作為最終章，我將把運用訂閱服務突破銷售困境的方法做個總結，並談談未來的行銷趨勢。

終章

訂閱經濟

與今後的行銷型態

訂閱制是否就是最佳解答？

我在本書前面的部分中，闡述了訂閱服務乃對行銷的重新詮釋的觀點，並談及創建訂閱服務事業、制定KPI與事業計畫的方法，以及組織結構的話題。

自數位行銷問世，企業比以前更容易與顧客建立關聯，加深聯繫。

運用IoT、AI等科技帶來的定量數據，以及從顧客問卷和採訪結果可得的定性數據進行分析，反覆持續改善訂閱制的產品和服務。

於是乎顧客從產品和服務中獲得新體驗，累積成功。與顧客支持成正比，產品和服務的價值也會持續提升。

接著，顧客對於產品和服務的感情越來越深，最終將接受訂閱服務所建議的生活選擇。

那是顧客與企業攜手打造，獨一無二的生活方式。

訂閱制便是這般以顧客成功為己任的企業，在追求最佳顧客體驗的過程中，所發掘的一種與顧客相處的方式。

換言之，**訂閱制不是目的，而是手段**。

也請各位試著將自家企業所提供的價值與顧客關係一一比對，思考維繫顧客的最佳方式。

或許你會發現，訂閱制並不是你的最佳選擇。那也無妨。

用訂閱制突破銷售屏障的5大要點

若有讀者思考與建立顧客關係的方式後，最終結論是想嘗試挑戰訂閱制，或是繼續努力經營已推出的訂閱服務，我想為你們將本書內容做一個總整理。

要點1：採用提升LTV的行銷模式

訂閱制並不是每月固定費用的用到飽服務。「創造顧客持續使用產品／服務的意願」才是訂閱服務的本質。

正因為如此，訂閱行銷會靈活運用數據來提升LTV。為了做到這一點，則必須實現顧客的成功。

藉由請顧客實際使用與體驗產品與服務，得到顧客的意見回饋並持續改進，成就顧客的成功。與顧客共同創造、一起見證產品和服務的成長，正是訂閱服務令人玩味之處。

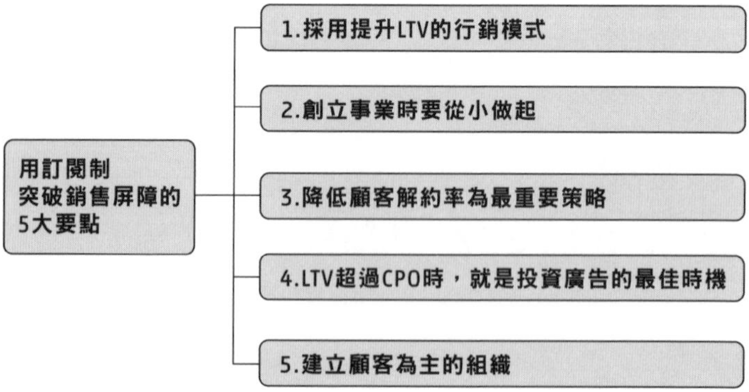
用訂閱制
突破銷售屏障的
5大要點
1.採用提升LTV的行銷模式
2.創立事業時要從小做起
3.降低顧客解約率為最重要策略
4.LTV超過CPO時，就是投資廣告的最佳時機
5.建立顧客為主的組織

用訂閱制突破銷售屏障的5大要點

要點2：創立事業時要從小做起

訂閱服務的模式分為「雲端型」、「共享型」、「預購／使用型」3種。建立訂閱服務事業的重點是以小規模起步，傾聽顧客的意見，一步步改善並逐漸擴大事業。使用的是PTCCP架構。

此時的確認要項為「是否為顧客帶來了生活新選擇」和「是否升級了顧客的成功體驗」這兩大觀點。

要點3：降低顧客解約率為最重要策略

訂閱服務中最重要的策略就是降低顧客解約率，獲取更多穩定使用者。

顧客解約時的理由有千百種，依據服務使用期間，將顧客分為初期、中層、資深三個區段，更有助於發現客戶解約的原因。

此外也應留意客服與客戶的應對。訂閱服務的客服部不是單純聽顧客意見與投訴的部門，而是可以提出建議，協助創造更良好的使用體驗，在最前線留住顧客的重要角色。

要點4：LTV超過CPO時，就是投資廣告的最佳時機

傳統損益表（PL）呈現的是過去的結果，並無法顯示訂閱服務的收益。制定一個涵蓋未來收益和預期成長的事業計畫，才能看出訂閱服務事業真正的樣貌。

訂閱服務需要龐大的初期投資，故會持續一段時間呈現虧損。如何早日脫離這個虧損期，由負收益轉為正收益，乃事業成長的關鍵。

當解約率不再升節節攀升，LTV超過CPO時，便是進行廣告投資、擴大事業的時機。

要點5：建立顧客為主的組織

訂閱制必須與業務、客服、商品開發以及行銷等公司內各部門相互合作。為了快速改善缺點，將顧客置於圓形正中央的以客為本機制最為理想。

擔任核心樞紐的便是服務發展團隊。因應問題癥結，從各部門調用合適的專業人士。

此外，團隊也肩負在服務改良過程中發覺下一個事業的嫩芽，使其發展茁壯的職責，在帶動事業整體發展時勢不可缺。

今後的行銷型態

作為結尾，我想來談談未來的行銷。

將來，數位行銷這個詞語說不定會滅絕。因為，數位變得理所當然的時代即將來臨。

5G（第五代行動通訊技術）服務上路後，通訊環境將比現在更好，大眾勢必能更無負擔地使用觀看影片等需要大量數據傳輸的服務。

另外IoT技術也在進步。不僅僅是數位家電，將來更令人意想不到的東西也能連上網路。

人們從早上起床，出門上班，到回到家中，就寢為止，每天到底是如何生活的？這些在過去無從得知的生活數據，屆時都將能夠取得。這不僅僅是未來會出現更方便的產品／服務，而是更大的事。

假如微波爐發展出ＩｏＴ應用，連烹飪前後的圖像都可以識別，就可獲得更多的顧客數據。他們是如何切菜？如何使用保鮮膜？習慣使用什麼容器？當數據精確至此，企業就能佔得先機，將實現成功的方式推薦給顧客。

沒有數據，談何行銷。

同時間，消費行為也在改變。少子化、高齡化、勞動人口減少，日本經濟所處的環境，放眼全世界也找不到先例。我們將進入一個從前的消費常識不再管用的新時代。

屆時民眾想必會依照自己想要的生活型態來購買產品或服務。由於體驗成了必備條件，廣告這種只為了打響知名度，刺激消費者購買欲望的行銷手法，或許真的會走入歷史。

包括訂閱服務在內，所有行銷的趨勢將逐漸轉變為實現顧客成功，為顧客提供不一樣的生活選擇。

在這樣的時代潮流中，訂閱服務又會如何演變呢？

我認為，訂閱服務將分成「平台化」和「生活型態訴求」兩個走向。

所謂平台化，是一種追求市占率、講求個人化的型態。尤其是雲端型訂閱服務，在歷經一番市占率的龍爭虎鬥後，由最受顧客支持的那一家獲得最終勝利。勝出的企業將推行個人化服務。作為擁有雄厚顧客資本的平台，同時也擁有了更有本錢挑戰新服務的優勢。

生活型態訴求，這種形式的規模較小，但是極為在乎顧客是否由衷喜愛這種生活方式，重視這種價值勝過其他。

企業展示他們所推薦的生活方向，並留有讓顧客自由發揮的空間。我推測訂製化妝品和時尚潮流這類服務會走向這個形式。

從今以後不只是行銷人員，組織裡的所有人都必須與顧客有所聯繫，持續理解顧客變化的情形。

行銷的終點不再是把東西賣出去，而是持續陪伴顧客實現日益變遷的成功。

各位今後要為顧客創造什麼樣的成功，提供什麼樣的生活選擇呢？
訂閱服務是締造顧客成功的方法之一，是為企業實現未來永續發展的戰略。

結語

感謝各位閱讀到本書的最後！

這本書集結了我從將近10間企業的嘗試與失敗中所習得的，關於我個人對訂閱制的見解。

訂閱制是從以賣東西為目的的傳統行銷，改弦易轍為創造顧客持續使用的行銷方式，並同時建立與顧客的長遠關係，若能讓你感受到這是十分值得一試的一門生意，我將非常欣慰。

和我創業那時相比，我感覺不單單是訂閱制，工作型態也在改變。

草創期的Oisix ra daichi（當時的Oisix）代表人高島宏平對我說：「西井先生，既然要創業，何不兩邊都做呢？」這句話開啟了一個小公司的老闆和上市公司董事的一場挑戰。

5年後的今天，與我用相同型態工作的夥伴增加了，同時我也有了更多以「行銷人資歷」為題演講的機會。

這份副業起於不經意的念頭，如今我十分感謝當時高島老闆的那番話。而我也從2019年底起，開始為一間名為Groove X的機器人創投公司服務，擔任CMO的工作。

我打算挑戰「三間公司都盡百分之百的全力」的生活方式，而非「三間公司各花三分之一的心力」。話雖如此，一個人能使用的時間終究有限。Thinqlo、Oisix radaichi、Groove X，我想正是因為每間公司都有著眾多夥伴給予我支持，我才得以實現這項挑戰。

誠摯地感謝總是給予我幫助的夥伴們。

我同時也是個愛好到全世界旅行的背包客。曾二度環遊世界，至今到訪過141個國家。

前些日子，我鑽到工作空檔去了一趟蒙古。在那裡度過的七天，盡是前所未有的體驗。

乘馬騎行的距離達100公里，夜晚在冰點下搭蒙古包露宿野外。

當然也收不到訊號，準備了一支衛星電話就啟程前往夢幻的桃源鄉。

完全與網路隔絕的每一天，感覺除了新鮮還是新鮮。

我的論點是：「行銷人就該去旅遊」。

我認為這不只是在接觸嶄新價值觀，正是因為「旅行」遠離了日常的環境，才能夠培養判斷力與決策力。

實際上在蒙古，我也碰到了被迫在馬背上決定要不要度過即將漲潮的河流。這種情況可不是常常有的（笑）。

網際網路的登場讓旅行與以前迥然不同。2001年左右時，我在旅途中聽當地人說有個美麗的湖泊，不期然地造訪了烏尤尼鹽湖。

經過13年後，當我於2014年舊地重遊時，那裡充斥著要爭相拍照上傳至Instagram的旅客。

我並不是要表達往昔的美好，而是在說旅行的目的已然改變。這件事讓我深切感受到，普羅大眾的價值觀從「對物」演變成了「對事」。

親身感受與理解世界在發生的變化。遠離日常的旅行，恰恰是能淬鍊行銷人直覺的好機會。

訂閱制的生意往後依然會持續成長。另一方面，事實是，包括我所參與的企業在內，所有人都是挑戰者。我們需要配合顧客成功持續讓產品、服務改變，因此往往得在沒有解答的情況下判斷、前行。

不僅是在訂閱這個領域，我想往後無論是何種行銷都需要如此。所以，我希望行銷人都能透過旅行，磨練判斷的能力。

在我還是初出茅廬的行銷菜鳥時，與幾位分屬不同公司，打算挑戰當時還屬於新領域的數位行銷的夥伴們開了學習會。

多虧了那時候，才有現在的我。對外分享成功體驗，將帶動這個業界成長。

我想本書就到這裡結束，願這本書介紹的內容能對各位有所助益。

2019年12月　西井敏恭

[作者介紹]

西井敏恭

Thinqlo股份公司董事長。
Oisix ra daichi股份公司執行董事、CMT（行銷科技長）
GROOVE X股份公司CMO（行銷長）
1975年出生於福井縣，2001年起，花費2年半時間環遊世界，同時撰寫亞洲、南美、非洲各地的旅行日記刊登於網頁。因為遊記網站大受歡迎，遂出版旅行日誌。感受到網路世界的迷人魅力，約莫2003年起加入電商企業鑽研行銷，在這段期間內，旅行的腳步亦不停歇，訪問了超過140個國家。
以環遊世界一周的數位行銷專家身分登上ad:tech，並於日本全國舉辦多場演講，登上無數雜誌、媒體。於Thinqlo股份公司，主要為大型企業提供數位行銷服務、輔助創投企業推出訂閱服務，並涉足行銷教育事業，推出「Co-Learning」等服務。於Oisix ra daichi股份公司任執行董事，負責訂閱商業模式的電商戰略。
自2019年起，兼任機器人創投企業GROOVE X股份公司的行銷長。主要日文著有：《環遊世界 何處是我的居所！？》（暫譯，幻冬舍）、《數位行銷突破業績高牆》（暫譯，翔泳社）。

[日文版工作人員]

書籍設計	小口翔平＋山之口正和＋三沢稜（tobufune）
DTP	BUCH+
編輯協力	水谷真智子
校閱	鷗来堂、翔泳社 校閲課

[附錄試算表]

https://tinyurl.com/yc5ye7be

國家圖書館出版品預行編目(CIP)資料

訂閱時代：5大集客獲利策略,直搗行銷核心的經營革命 / 西井敏恭著；曾瀞玉, 高詹燦譯. -- 初版. -- 臺北市：臺灣東販, 2020.07
216面；14.7×21公分
譯自：サブスクリプションで売上の壁を超える方法
ISBN 978-986-511-394-0(平裝)

1.顧客關係管理 2.顧客服務 3.行銷學

496.7　　109007448

訂閱時代
5大集客獲利策略，直搗行銷核心的經營革命
2020年7月1日初版第一刷發行

作　　者　西井敏恭
譯　　者　曾瀞玉、高詹燦
編　　輯　曾羽辰
特約美編　鄭佳容
發 行 人　南部裕
發 行 所　台灣東販股份有限公司
　　　　　＜地址＞台北市南京東路4段130號2F-1
　　　　　＜電話＞(02)2577-8878
　　　　　＜傳真＞(02)2577-8896
　　　　　＜網址＞http://www.tohan.com.tw
郵撥帳號　1405049-4
法律顧問　蕭雄淋律師
總 經 銷　聯合發行股份有限公司
　　　　　＜電話＞(02)2917-8022

TOHAN